世界植物造景大师译丛

The Garden Before & After

重 生 之 旅
花园改造前后

[英]兰德尔·西德利　著

赵韶丽　梁　健　张文昌　译

U0238955

中国农业出版社

北　京

序

大约三十年前，我有幸见到了兰德尔·西德利，当时我们都在摄政公园工作。我清楚地记得，作为一名年轻的设计师，兰德尔似乎毫不费力地在一夜之间把一座毫无生机的花园变成了一个相当神奇的富有生命力的空间。

我们都喜欢优雅简约的风格，常把花园作为我们生活空间的延伸。然而，兰德尔非常希望户外空间能够在日益繁忙的工作中为日常生活增添愉悦和舒适。兰德尔经常将具有挑战性的珍贵私人收藏品融入他的设计花园中，以提升作品的实用性、舒适性和美感。

我在佳士得工作的这些年里，看到美丽的雕塑被运到兰德尔设计的花园里安家，让旧与新无缝融合，我感到非常欣慰。

作为一名设计师，我更重视设计的视觉语言。色彩、图案、材料和纹理都有助于创造出真正非凡的设计，正因兰德尔善长于此，再加上他对空间意识的把握力很强，所以他能够将城市花园与乡村完美结合，并使之成为梦想之地。

很高兴看到这本书，让园丁和花园主人都有机会看到兰德尔创造的风景。当人们的想象力被充分发挥时，就会催生出无数独特的见解。在大大小小的花园中，石头、小径、树篱、草坪、树木和花朵这些元素的使用都带有他明显的设计符号，这些元素和谐地融合在一起，随着时间的推移景观逐渐成熟，更能突显兰德尔设计的独特性。

伟大的设计源于对纹理、规模和细微之处等的深刻理解，这些构成杰出创作的基石。这本书展示了从荒芜之地，经由鲜血、汗水和巨大的努力转变为现实美景的过程，将不可能变为可能，将平凡变为不平凡。世上很少有人能说，我们让世界变得更美好了！看到这些美丽的景观为保护我们留给子孙后代的绿色遗产作出的特别贡献，真是令人鼓舞。

设计师林利

左侧：这些气势磅礴的雕塑是由居明创作的太极系列作品，是庄重的台阶大道和远处美丽的自然湖泊之间的枢纽。

前言

我觉得有很多关于美丽花园设计的书看起来都很完美，但很少有作者展示设计师设计之前——花园的原始状态。我们发现许多客户仍然没有意识到，设计师为创造这些美妙的空间所付出的巨大努力。我希望通过这本书的出版，能使人们对设计和构建过程有所了解和启发，同时也能让我们和客户之间的关系更加密切。

一个人通过观察可以学到很多东西。我父亲那一代的许多伟大设计师，如大卫·希克斯、乔恩·班南伯格、伊夫·圣·罗兰到弗兰克·劳埃德·赖特，他们从根本上改变了我们的鉴赏风格、色彩搭配和结构创造。起初，我不确定这些杰出的人才是否一开始就与众不同，而事实证明他们确实非凡。从爱迪生的灯泡、第一台施乐复印机到彩色印刷技术的革新，所有这些创造使人们彻底告别了一个以黑白和想象为基础的世界。对我来说，设计的核心就是创造力。同样，汉弗莱·雷普顿（Humphry Repton）的作品也让我产生了深深的共鸣。他被誉为乡村景观的伟大梦想家，然而他设计的城市景观也同样令人印象深刻。他引入了新颖的概念，如花园里可以有可供步行的碎石路、儿童游乐区或休息空间，以一种我们今天视为理所当然的现代方式美化了乡村和城市环境。

重要的是，景观设计师必须具备高情商和极大的耐心。花园不是一瞬间就能建成的，需要花费时间来建造，我可能需要很多年才能看到设计愿望变成现实。了解客户的需求、生活方式和期望，这对于制定成功的设计方案至关重要。一个优秀设计师可以将客户的愿望转化为现实，不是给客户强加自己的想法，而是给客户的需求赋能。

我小时候钟爱的植物，如旱金莲、桂竹香等，很少出现在我的设计作品中。丰富的想象力、色彩丰富的植物以及多样的硬质景观材料，共同赋予我设计空间的独特性。我的客户可能会惊讶地发现，我在种植计划中亲力亲为，从自然摆放盆栽到种植植物，这些工作看似简单，但却能保证所有元素都和谐地存在于一个构图中。

许多人认为我作为一名景观设计师，生活如同一场华丽的华尔兹，穿梭于机场，享受着奢华。然而，事实并非如此。多年来，为了追求卓越的设计，我在酷热、泥泞、冰雹、雨雪中跋涉了无数英里*。当你读这本书时，你可能会注意到，我的许多设计项目都是为了给那些被忽视的花园注入新的活力，或从头开始创造全新景观，这两者都给我带来了挑战和回报。

我们今天看到的花园与十年前的大不相同。草本植物、乔木和灌木开始开花、生长，道路和梯田与周围环境极度融洽，只有时间的沉淀才能让人们看到设计效果是否如预期。无论是笼罩在神秘晨雾中的花园，还是沐浴在落日余晖中的庭院，都展现了设计的真正精髓。有一刻，我意识到自己已经超越了客户的期望，甚至超越了自己的期望，这就足够了。很多人问我为什么从事这份工作？答案很简单：这是我最大的快乐，是我的热爱，是我的激情所在。

兰德尔·西德利

---

*　英里为非法定计量单位，1英里≈1.609千米。

目录

设计你的花园

在一定程度上，景观设计师必须面对与室内设计师类似的挑战。当然，正确理解和把握转变和改变的方向性是至关重要的。入行时，我作为一个年轻的、好学的设计师，广泛学习了解了从基础建筑工程到木工的各个方面。那段宝贵的经历使我对室内和室外空间的设计有了独到的见解。对许多人来说，墙只是一堵墙，它可能是砖块、石头等基本元素砌成的，如果不了解这些基本元素，就不可能有效地改进或改变它。我把这种知识的提升运用到我的工作中，深刻地影响着我的设计思路。

当我真正开始独自承担景观设计项目时，已经通过学习和实践积累了丰富的技能和知识，为后续景观设计项目打下坚实的基础。设计师需要了解地形、气候和天气对硬质园林材料的耐用性和园林植物的影响。通过调查设计师应该明确选择什么植物才能在设计好的花园中茁壮成长，还要避免所选植物在未来几年不会过度生长或给人造成麻烦，这些都是景观设计师的必备技能。

我认为景观设计往往比室内设计更具挑战性，因为美妙的户外环境是不断变化的，必须考虑复杂的因素，如景色、借景、位置和边界。景观设计仍有与室内设计相似的设计区域：边界可能是墙壁和草坪，小径、池塘、湖泊和车道很像地板，天空就像天花板，而植物和家具则充当软装。景观设计和室内设计的主要区别在于，室内设计一旦实施，设计效果基本上保持不变，而景观设计的设计效果会随着时间流逝而发生变化。

设计师必须对他设计的项目抱有同理心。花时间了解所有元素，并富有想象力地思考这些元素将如何影响景观。当然，了解客户的需求也是至关重要的。此外，还要考虑预算。将客户的愿望转化为一个美丽、实用和改善生活的空间是非常重要的。

通常情况下，客户可以在没有真正考虑实际应用的情况下坚持自己的愿景，而我们应专注于在设计过程中帮助客户充分挖掘空间的真正潜力。从我的经验来看，优秀的设计师就像一个顾问，能够审视各种可能性，并提出一些客户从未考虑过的解决方案。创造力和指导力是设计师最重要的资本，只有充分了解客户的愿景和要求，才能真正地将这些愿景诠释为真正卓越和符合要求的设计。

建造花园是一项长期投资，也是一种生活方式的选择。设计师会就客户对空间的期望提出很多问题，包括空间将如何使用，谁使用，是否全年使用，以及花园如何维护等。

景观设计通常需要多个工种的专业服务及配合才能完成，其中包括土木工程师、木匠、电路设计师等，所有这些人都对最终方案的呈现作出了重大贡献。

我们会向客户展现我们是如何最大程度地提高花园的设计水平，装饰改善难看的环境，或者如何更好地构建景观。从一开始，设计师就会绘制概念图，以更好地让客户了解施工过程以及最终效

◀阳台上的攀缘植物络石在外部和内部都产生了美妙的香气。

1

果。造型、空间使用、结构或装饰元素都将是设计中的主要考虑因素。

这本书中提及的一些项目一开始是相对简单的翻新需求，但正如你所看到的，这些项目都发生了巨大的变化，使客户获得了远远超出他们预期的结果。许多人可能会惊讶地发现，随着时间的推移，利用不同的植物可以改变花园的气氛和风格，任何空间都可以通过创造性地搭配户外家具和配件来增加特色。

设计师应完全了解空间的优缺点，如一些空间可能位于保护区内，另一些则出现了突兀的高度变化。我们一直采用艺术和实用兼顾的方式进行设计改造，这让我们感到骄傲。我们的设计真正反映了客户的品位和生活方式。我们还会提供持续的花园维护，以确保其花园按照设计的方向发展，使其周年都保持最佳状态。

当你开始考虑一个新设计时，我相信以下建议虽然不是详尽的，但会为你提供一定的价值，让我们与你携手实现你花园梦。

•考虑花园的用途，如是否需要烧烤区、户外厨房、酒吧、娱乐区、聚会空间和放松区域。

•你最喜欢现有花园的哪些方面？同样，你最不喜欢花园的哪些方面？

•确定花园的风格，是现代风格还是复古风格？偏正式还是随意？

•你是喜欢一个连续的花园空间，还是一系列小空间相互连接的花园空间？

•花园的使用时间可能是季节性的，或者是一天中的特定时间。

•孩子们多大？需要什么样的专业游乐设备？

•主要是成人空间吗？在设计过程中是否需要考虑宠物？

•水元素无疑很受欢迎，请告知我们是否加入水元素，如游泳池、定制水景等。

•安全、隐私对你来说是一个重要问题吗？

•是否有不想要的元素，如突兀的建筑是否需要遮挡？

•设计是否需要考虑增加前花园、前厅、车道、充足的停车场或其他附属建筑？

•你选择高维护还是低维护的种植方案？确定持续的维护成本和所需的园林工作人员也至关重要。

沉睡的天堂

"老花园（The Old Garden）静静地躺在泰晤士河畔，花园里弥漫着忧郁和衰败的气息，我仿佛回到了《远大前程》中郝薇香小姐的花园。它拨动了人们的心弦，激发了人们的想象力。"

改造前

　　杂乱无序的花园与仿都铎式乡村住宅显得格格不入。这块三英亩*的土地上有一个被忽视的花园，旧温室的旁边还有一个蔬菜园，看起来很奇怪。一条乱糟糟的林荫道将花园分成了两个主要区域，房子上面爬满了难以管理的攀缘植物，从房子里无法真正欣赏到周围的景色。杂草丛生、建筑破旧以及大块没有特定功能的土地，都需要一个特别的设计，来保持花园的历史感，恢复它的生机。

---

*英亩为非法定计量单位，1英亩≈0.405公顷。——编者注

改造后：中央是草坪走道，两旁用约克石铺路，两边松散地栽种了一些草花植物。

业主聘请了昆兰·特里（Quinlan Terry），一位以热爱古典建筑而闻名的建筑师，来负责他们新家的装修工作。经过我们的共同努力，房子和花园都变得优雅美丽。

愿景

客户非常明确地表示，不考虑采取"焦土政策"，即彻底推倒重建。好的设计在于知道该保留什么，去除什么。我的目标是带着同理心恢复花园，利用已经明显失去凝聚力但仍有价值的现有元素，并将这些古老的元素巧妙地融入21世纪。具体而言，我想改善房子的视野，让人有一种置身于无拘无束的花园之中的感觉。我还想创造一种沿途可以发现秘密基地的奇妙氛围。

过程

原本坐落在花园中的横向生长的果树被移走了，这一下就打开了草坪视野，使其自然地与房子融为一体，非常适合休闲活动或举办夏季花园派对。果树的移除也使人们能更直观地欣赏到之前被遮挡的园景树。

同样，一个过度生长的成熟红豆杉树篱也在枯萎，我们对整个树篱都进行了翻修，修剪掉了枯枝，在空处补种了新鲜、健康的红豆杉。在这条红豆杉大道上，每隔一段开辟了一个入口，以创造引人入胜的景色，人们可以透过这些入口看到远处的花境。还有一条被忽略的道路，我们沿着现有的草本植物边界重新铺设了约克石，并在两旁种植了各种多年生植物，包括紫葱、银莲花、大戟、鸢尾和鼠尾草。这条充满鲜花的步道最终通向一个正式的休息区，那里的台阶向左右两侧延伸，通向一个由昆兰·特里设计的优雅铁制暗门。透过这个暗门，人们可以瞥见流经的泰晤士河。

在这片花境之外，是一片形状怪异的草地，神奇地被改造成野花草地，以观赏樱桃、山茱萸、水仙和贝母为特色。我们扩大了一个小且不起眼的池塘，在水边种植了千屈菜和灯芯草，并在水面上放置垫脚石作装饰。

花园的核心区域有一个非常破旧低矮的砖砌凉棚，压在一株古老的紫藤下，人们几乎无法通行。紫藤似乎在讲述花园曾经的故事，所以我决定保留它。我们对藤蔓进行了重新提升、固定，砖砌的凉棚被高大的橡木凉亭取代，这样人们就可以舒适地穿过，同时整个景观看起来也更加赏心悦目。我们用黄杨花坛装饰在紫藤周围，并种植了大量的薰衣草、紫色鼠尾草、虾蟆花和玫瑰等。

"兰德尔，非常感谢你的设计，让老花园拥有了如此出色的景观，它真的非常壮观。我期待着再次与你合作。"

▲改造前：一个被废弃的游泳池区域，周围是破旧地面，需要紧急整修。

▲改造后：水池中的急转弯入口被移除，周围铺上金色的约克石，创造出一种现代风格。

菜园和温室被清理干净，曾经杂乱的景象如今被藤架和柳树组成的绿意葱葱所取代。客户建议将破旧的游泳池填平，因为房子里已经有一个室内游泳池。然而，经过多次沟通，我们决定对游泳池进行翻新，移除原有的急转弯入口，并创建新的内部台阶，从而在游泳池边缘形成一条结构清晰的线条。现在，这个游泳池已经成为一个理想的休闲场所，人们可以在一场激烈的网球比赛后在这里放松身心。

同时，游泳池区域通向一片废弃的开阔草地，在这里，我构思了一个新的人造草皮网球场，周围环绕着常青的树篱，为花园增添了自己的特色。由于娱乐空间是项目需重点呈现的部分，我们将现有的链式围栏替换为"网帘"，由球场角落的四根柱子固定。当网球场不使用时，网可以取下，在柱子上挂上一张投影布，立即将该区域变成多功能家庭娱乐区域。

改造后

改造老花园是一项有趣的工程。我们在保留老花园历史元素的同时引入现代元素，恰当地保留了老花园原有特色。最终的设计呈现出的每一个设计细节都是无可挑剔的。

▼ 总体规划草图是帮助客户了解新花园设计思路。

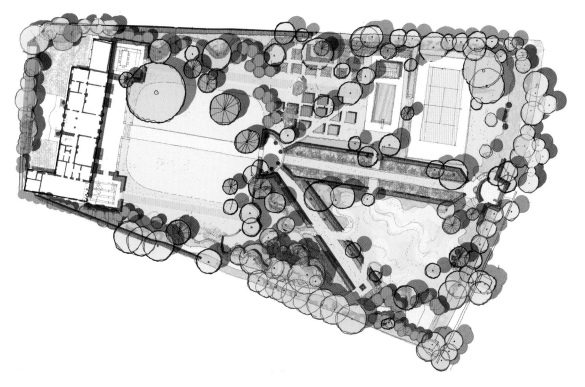

▲改造前，一个摇摇欲坠的凉棚已经无法使用。

▲改造后，旧的凉棚被一个结实的橡木凉亭取代，以支撑现有的紫藤。周围种植了虾蟆花、紫色鼠尾草等植物，同时种了黄杨树篱。

▲长距离散步区域的设计草图。

▲改造前：破旧的台阶及损坏的铺路石。

▲改造后：长距离散步区的尽头有一把简单的木制长椅，你可以坐下来慢慢欣赏花园的美景。

探索花园

"这是一个杂草丛生的广阔花园，到处都是害虫．杂乱的灌木，迫切需要开垦和重新开发。"

改造前

这座老牧师住宅建于1859年，当我第一次来这里时，它被黑莓、酸模、荨麻和金合欢等自然生长的植物所包围。这里被狐狸、松鼠和兔子占领了，它们肆意破坏着眼前的一切，篱笆也无法阻挡野生动物的肆虐。这个三英亩的花园给人的第一印象是一片荒野，设计改造这座花园无疑是一项艰巨的挑战。房子的一侧有一条不起眼、狭窄而笔直的车道，通往有白色篱笆围绕的房子前。

上方照片中的区域是花园中唯一的装饰性花境。我想保留那棵壮观的木兰树。在这个区域的旁边是一个相当奇怪的露台区域，摆满了各种陶罐。一个温室蔬菜园坐落在一个被忽视的草坪区域，该区域缺乏凝聚力和实用性。

◀改造后：设计了一个被花坛环绕的新入口，以创造良好的第一印象。

愿景

可以理解的是，我的许多客户都不赞成业内所谓的"焦土策略"。用这种鲁莽、笨拙的方法来处理这一切太容易了。然而，我不想采用这种方法，更愿意花时间了解这些衰败空间的微妙特质。房子后面的美丽景色激发了我的灵感，从那里可以看到里士满公园（Richmond Park）的壮丽风光。我们将充分利用原有花园中令人印象深刻的景色，同时保留现有的网球场和温室。

过程

实用性始终是设计方案成功的关键。特别是考虑到我们要改造的面积较大，确保有足够的供水是至关重要的，我们安装了大面积的排水系统，并实施了钻孔作业，以保障花园灌溉充足。

原来花园的车道非常不起眼，没有真正到家的感觉。我们建造了一条宽阔舒适的车道，它环绕在原有的一棵大梧桐树周围。车道使用蜂窝状稳定剂重新铺设，上面覆盖着砾石，并用砖砌边缘作装饰。我们引入花坛和铅制花盆盆栽，将房子融入景观中，同时委托一名爱尔兰工匠定制了新的栏杆和大门，进一步增强了欢迎感。

◄改造前：通向破旧的尖桩围栏和破损的砖路看起来与房屋建筑不符。大花葱'紫色惊艳'可用来增加层次感，是一种雕塑般的植物。

◄改造后：新的花坛里种满了乡村花园最受欢迎的花，包括玫瑰、牡丹和薰衣草等。

►整个地块的总体规划，展示了现有植被分布，我们必须谨慎地处理现有的元素和层次。

▲ 改造后：新的花园台阶通向布鲁·福里斯特（Blue Forrest）设计的儿童树屋。

我们必须进行一次彻底的清理工作，以便能够清楚地看到全景，这些杂草被连根挖出，土壤经过为期八周的严格筛选，以过滤掉潜在杂草的种子和根，否则这些杂草的种子和根很容易再次繁殖。为了展现里士满公园的壮丽景色，还需要移除一些现有的树木。尖桩围栏和原有的道路被拆除，该区域一下就开阔了，与远处的花园自然地融为一体。在房子的后面，有一个两层高的天然石材露台，提供了一个宁静的户外用餐空间，主花盆中成熟的油橄榄与房屋入口处的新种的植物相呼应。

在新布置的花园边上，有一株美丽的山毛榉（*Fagus sylvatica f. purpurea*）在新建橘园对面，那里还放着一把摇摆的梨形吊椅。在花园的这一区域还隐藏着一个宠物区，那里有一个狗窝，还配套了一个活动区。现有的温室蔬菜园经过重新设计，新增了高箱种植围和实用的砖砌小路，还安装了一个高档卫生间。

新创建的橡木和砾石做成的台阶两侧是丰富的多年生植物坡地，那里种了蓝蝴蝶（*Crocosima* 'Lucifer'）、常绿大戟、大星芹'红宝石婚礼'（*Astrantia major* 'Ruby Wedding'）、紫菀和紫锥菊。一条小径通往一个充满想象力的儿童游乐区。那里配有下沉式蹦床、树屋、龙门架、索道。整个区域铺设了树皮覆盖物作缓冲材料以保护儿童安全，树屋后方的新边界种植了迷人的灌木和多年生草本植物，包括各种蕨类、久留米杜鹃'布拉奥粉'（*Rhododendron* 'Blaauw's Pink'）、蒿柳、地中海荚蒾（*Viburnum tinus* 'French White'）和地毯式天竺葵。

▼ 大星芹为主要花境植物，'红宝石婚礼'在新种植的花境中像宝石一样闪闪发光。

在花园中，我们创造了一系列蜿蜒的小径，中间间隔放置了花园长椅，方便人们在休闲时欣赏花园。在房子的侧面，我们又修建了一片大型的草坪，同时，也修建了几条花园小径，还打造了以大丽花为特色的多年生植物边界。

绣球、牡丹和玫瑰装饰着的砖阶两侧，周围种植了大量修剪过的红豆杉树篱。通往现有网球场的新花境种植了数百种多年生开花植物，可以保证花园一年四季都有色彩。

改造后

这个花园无疑是我最喜欢的项目之一。它在各个方面都独具特色。里士满公园的田园风光是这座壮丽花园的完美背景。如今，这座花园充满了永恒的迷人景色和满满的幸福感。

◀改造后：温室蔬菜园进行了彻底翻修，为了便于日常维护，地面的苗床已改为高箱种植圃，一旁新增的厕所很实用。

▼改造后：利用橡木和砾石打造的台阶，给人一种非正式的乡村风格。

◀有坡度的花园完美地衬托了现有的夏日小屋。

▼草坪被切割成流畅的弧形，以强调花园的流动线条。

◀一条宁静的林地小径蜿蜒穿过花园，种植了耐阴植物，包括耐寒的天竺葵、羽叶鬼灯檠'巧克力翅'（*Rodgersia pinnata* 'Chocolate Wing'）和观赏草。

▲改造前：一栋漂亮的维多利亚式住宅坐落在杂乱的花园中，杂草、灌木丛生，害虫肆虐，正等待着重生。

▲改造后：修剪整齐的草坪环绕着房子，新种植的花坛分布于房子两侧，使房子稳居视觉中央。

恢复自然平衡

"这座位于金斯兰利（Kings Langley）附近的大型庄园，旨在重构建筑比例，打造迷人的景观，创造令人惊叹的美景。"

改造前

庄园占地约17英亩，包括林地、牧场和花园，对它的改造将是一项相对漫长的修复工程。庄园的房子和花园似乎是割裂的。客户希望增强正式花园区域的凝聚力，还希望恢复通往主楼的原始车道。曾经这是一条修剪过的草坪车道，周围点缀着孤立的树木和杂乱的冬青树篱。在车道的尽头有一条环形车道，中央有一个壮观的水景，与周围的环境显得格格不入。

◀改造后：这幢漂亮的房子终于有了令人印象深刻的正面景观。

在我们参与设计之前，房子的左侧有一个温室，导致整体结构显得非常不平衡。有一个拱门通向侧花园，那里只有一排奇怪的侧柏和山毛榉树篱，给人一种突兀感。花园的其他区域则缺乏特色，因此恢复并赋予其特色是至关重要的。

愿景

在这样的大型项目中，必须仔细评估每个空间，为每个空间制订最佳的设计方案，以使花园更加自然、美丽。虽然业主之前已经进行了一些景观工程，但我的第一反应是，这么漂亮的房子应该有一个更宏伟的入口。我的意图是将房子置于设计的中心，并将周围的花园区域连接起来，同时创造令人愉快的景观。幸运的是我们找到了这座花园的历史图像，能够将现有的花园与以前的花园进行比较，这对我们来说是非常有用的。

▼ 花园总体规划图，方便客户了解需要重新设计的区域。

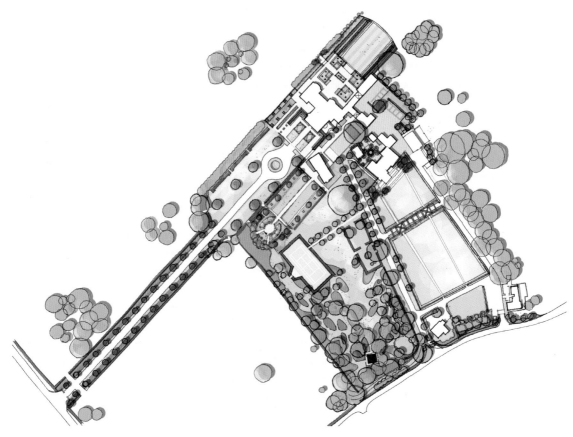

▼花园进行改造之前的照片。　　　　　　　　　▼施工期间的照片。

▲改造后：我们增设了一个线性水体，两侧是庄重的紫杉树篱，该区域的结构呈现出平衡感。

过程

首要任务是建造一个与宏伟的房子相衬的优雅、大气的入口。我们建了一条车道，安装了一个宏伟的大门，并在车道两旁种了樱花，形成了樱花大道。环形车道上的水景通过一个环绕草坪区域得到强化。

入口两侧摆放着两株气势恢宏的白玉兰，成对的花境营造出一种到家的感觉。在房子的一侧，一系列修剪过的红豆杉高低起伏，创造了和谐的视觉效果。

房子前面保留了一小部分草坪，铺设了一个宏伟的约克石露台，旁边设置了对称的黄杨花坛。每个精美的花坛中，都种植着90年树龄的成熟月桂，为设计增添了宏伟感。月桂下面种植了各种灌木和多年生草本植物，包括玫瑰、百子莲（*Agapanthus* 'Albiflora'）和银莲花，以满足季节性观赏需求。

与这个新露台相邻的是温室旁边的反射池，这个区域光秃秃的，与周围环境格格不入。通过在反射池两侧添加花境，辅以红豆杉柱作背景，使反射池两侧的结构恢复了新的对称，增加了景观焦点。

我们利用现有的一侧山毛榉树篱，镜像设置了另一侧的树篱，恢复了景观的平衡感。我们大量种植了方形红豆杉柱，不仅为花园增添了几分雕塑般的艺术气息，还通过其排列和布局，强化了花园的空间结构和对称美。与此同时，我们还运用了方尖碑式的黄杨树来加强这种结构感。

◀改造后：在意式花园中，一个正式的池塘和低调的花境营造了一种宁静的氛围。

◀绣球'贝拉安娜'像白色云朵一样与周围的建筑及植物形成了令人愉悦的对比。

▲种在经典花盆中成熟的月桂树为花园增添了一种成熟的韵味。

▼站在草坪区可观赏意式花园的美丽风景。

◀正在建造的柱廊。

▼改造后：半圆形的柱廊上爬满了香气扑鼻的攀缘植物，而新增的花境则装饰着柔和的夏日花园。

教堂花园(Chapel Garden)的名字很贴切，它的特色是有一条长长的中央小径，两旁是整齐的草坪，尽头是日晷。我们建造了一条大石块和木材结合的柱廊，以创造一种与世隔绝的视觉效果。此外，我们在柱廊前方设置了两个花坛，还引入了10棵成熟的月桂树来增加层次感。我们创建了一个"白色花园"，有鸢尾、玫瑰、牡丹和天竺葵，它们环绕在柱廊的脚下，还有可爱的攀缘植物爬上柱子。同时，我们还在花园中嵌入了垫脚石，便于人们通行和日常维护，每隔一段距离还放置了永不过时的勒琴斯式长椅。

接下来要进行改造的是一个废弃的庭院花园，它通向一个健身房、博物馆，以及以一个圆形草坪和水景为中心的辅助建筑。整个区域经过设计变得更加人性化，突出不成比例的水元素。水边种了一圈矮黄杨树篱，用以掩饰平淡无奇的砖墙，并形成的圆形花坛。边缘铺设了约克石，采用带状镶嵌的方式，取代了原有的大部分砾石区域。我们还设置了圆顶红豆杉雕塑、成熟的盆栽月桂，以此来增加设计感。

现在这座有围墙的大型花园，曾经是一座种植了几棵果树的破旧花园，还穿插了一条破旧的小路。我们通过引入结实的藤架和白色的攀缘玫瑰，让这座花园重新焕发了生机。旧路重新铺设了约克石和砾石，组成有趣的纹理，还给旧的铁艺大门则进行了喷漆处理，使其恢复了昔日的容貌。我们改造了一个被称为"意大利花园"的区域，那里有一个被砾石包围的水池，台阶通向一片广阔的草坪，但空间缺乏特色且比例失调。我们引入了低矮的黄杨树篱，种植了柔毛羽衣草、铁线莲、大花葱和百子莲，并用塔柏进行点缀。此外，我们还摆放了成熟的月桂盆栽为整个景观提供了焦点。背景中的酸橙树被修剪为烛台状，创造出独特的美学效果。

杜鹃花园有一条小溪和一个天然池塘，已经被疯长的杂草覆盖。我们清除了这片杂草，制作了一份现有杜鹃花的种类清单，重新购买了200多株杜鹃花，并与现有的灌木间种，使花园重新充满了活力。

改造后

在大型的修复工程中，如何使用有限预算让花园变得既实用又美观，始终是一个需要权衡的问题。我的设计理念是将房子置于设计的核心。修复后的花园环绕在房子周围，看起来非常和谐。我们需确保花园中的花能保持长期开放，在寒冷的冬天也有花可赏，每一个转角都有令人愉快的景观。

◀ 建造了一个橡木凉棚，并种植了芳香的白玫瑰。通往它的是一条约克石和砾石铺成的小径。

改造后：对称的黄杨花坛和美观的成熟月桂成功地
将漂亮房子置于设计的中心。

"兰德尔通过为我们打造新的车道和花园，重新赋予房子一种存在感，而在改造之前它完全淹没于周围环境中。这座房子与新花园的比例非常协调，而且花园的各个空间都彼此独立，当你看到这些独特的空间时，你会感受到真正的惊喜。从初春开始观赏杜鹃，接着是观赏樱花，我们踏上了一段真正令人惊叹的旅程，这是你为我们量身定做的。花园的乐趣和美丽远远超出了我们的预期。谢谢你，兰德尔。"

▶改造后：原本乏善可陈的车道改造成一条美丽的樱花大道。新建的大门入口，两侧种植了欧洲冬青树篱和梧桐树（*Platanus × hispanica* 'London plane'）。

创新解决方案

　　"很多花园设计会填充、堆砌过多元素，而我相信景观设计不仅仅是为了填充空间，更重要的是创造空间。当客户因受到我之前一个项目的启发而找到我时，我非常受宠若惊。那个项目是我们几年前在亚的斯亚贝巴设计的一个酒店。客户在伦敦西部购买了一处泰晤士河畔的二级保护建筑，他们请求我协助完成花园的全面改造。"

改造前

　　不同寻常的是，这座花园的后花园占地接近半英亩，这在伦敦花园中实属罕见，而前花园确实很小。这所房子以前属于一个开发商，他在房子后面建了一个小泳池，上面悬挂着巨大的工业金属遮阳篷，遮住了破旧的甲板。除了这个相当奇怪的结构外，花园几乎就是一块空白的画布，每个设计师的梦想都是拥有一个空旷的空间，可以充分发挥自己的设计才能。客户要求有一个宽敞的草坪，孩子们可以享受球类运动。由于房子前面没有车道，他们希望在房子后面建一条车道。

　　◀改造后：一个日常的用餐空间只是花园空间中的一角，这些花园空间连接起来比普通城市花园还要大。

愿景

我认为房子后面的大片空地是一个潜在的美妙空间，如果有一条宽阔的车道横穿而过，就会显得格格不入。在这种情况下，就需要一个实用、有创意且美观的设计方案来解决这个问题。从一开始，我就觉得花园必须与漂亮的建筑融为一体，所以在花园中反复使用了回收的约克石，使新建的景观与传统建筑保持风格一致。

过程

前花园因种植了大量银莲花、玫瑰、大星芹和风铃草作花境而重新焕发活力。房子的主入口位于房子后面，而后门通过一座狭窄的小桥连接到后花园，这座桥横跨两个黑暗的天井，天井下面是地下室。这种布局创造了一个相当尴尬的地下空间，几乎没有实际用处。我们改造了天井，在每个天井里种植了一对成熟的玉兰。相邻的区域被改造成一个带棚顶的露台，侧方设有一面特色生活墙，内置嵌入式壁炉，周围摆放着舒适的座椅。房子的这一侧包含了厨房，成为了一个理想的户外用餐。

在厨房露台前，设置了一个低矮的黄杨花坛，并栽种了3棵引人注目的波斯铁木树，为设计增添了成熟度和规模感。沿着左边界铺设了一条路，旁边是种有郁金香、黄水仙和雪花莲等植物的长方形花坛，而不时出现的长方体的黄杨绿篱则为景观增添了视觉焦点。

一系列石阶通往成熟的六月莓和鹅耳枥种植区，为露台区域和主草坪之间提供了自然的分隔。这一区域的草坪做了加固处理，允许轻型车辆通行。

在花园的脚下，建造了一座新的泳池，以及一个日光浴露台。我全程参与这个结构的设计，以确保花园和建筑完美融合。

红豆杉种在花园的尽头，为与花园的其他区域的风格保持一致，还种植了半成熟的玉兰和鹅耳枥，以遮挡停车场与主花园之间的视线。停车场铺设了弹性黏合树脂饰面。

改造后

最终打造成5个壮观的、相互连接的花园空间，它们独特且和谐统一，吸引着人们的目光。我们成功地创造了一个非常独特的田园风情花园，它具有高度的观赏性和实用性。

"兰德尔·西德利的设计擅长运用自然与结构化之间的微妙平衡。他将一块荒凉的、形状怪异的土地改造成了一个幽雅的室外空间，创造了肯特小屋（Kent House），其客厅自然延伸至户外。每个角落都有自己的魅力和实用性。每个空间都是不同的，但整体是一个迷人的组合。我们很享受整个过程，这要归功于他们设计团队的专业性，他们废寝忘食地进行研究，以满足我们提出的特殊设计或种植要求。园艺团队也非常博学和高效，让我们可以轻松地享受这片小小的植物天堂。"

▶改造前：一个尴尬、狭窄的楼梯空间，几乎没有任何实际用处。

▼改造后：空间被彻底改造成一个舒适的休息区，通过设置石砌壁炉营造了一处温馨的角落，即使在冬天也会感到温暖。

▲改造前：一个丑陋的金属雨棚占据了前花园的大部分空间。

▶改造后：金属雨棚被移除，取而代之的是挂着茉莉花的墙壁和高台花坛。

改造后：一条石径弯曲而行，两旁随意种植了一些植物
指引着你来到令人放松的露台。

◀改造后，迷人的天使泪爬过垫脚石，天竺葵与矮生海桐种在小径两旁。

▼花园总体规划草图，概述设计区域的用途。

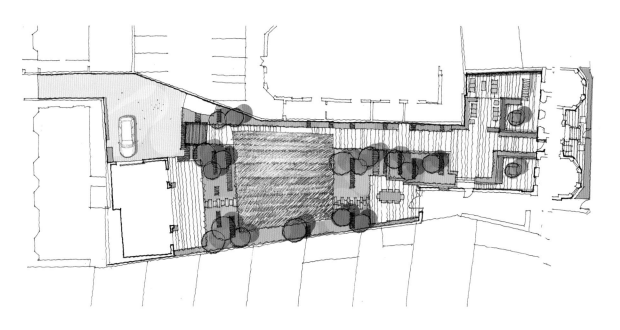

◀种植箱里的蓝百合和络石藤。

▼改造前：一块等待改造的空白区域。

▲改造后：空白区域经改造后形成的花园景观。

▲从花园向房子的后面望去，景色宜人，草坪已经加固，可以让小汽车进入。

◀完美的避风向阳处成功改造成一个户外用餐区，它舒适地坐落在房子旁边。

▲一个贯穿整个花园的
长形花坛，里面种植了黄杨、
蕨类植物、玫瑰和球根花卉。
芬芳的茉莉遮盖了边界墙。

▶黄杨球有一种雅致的
欢迎感；在前景中，银莲花、
地杨梅、耧斗菜和观赏草构
成了一幅具有层次和色彩的
景观。

浮动幻想曲

"一座位于保护区内的错综复杂的伦敦花园，似乎神奇地飘浮在一片繁茂的植物云层之中。"

改造前

　　一位建筑师向我介绍了这位业主，他有一个小型的后花园，花园两端高度相差约3米。由于在房屋后方扩建了一个很大的地下室，客户很难全面洞察花园的潜在魅力，这是可以理解的。如果我们要打造一座配得上这座精美住宅的花园，显然需要进行大的结构调整。

◀改造后：用意大利石灰石营造一种宽敞和明亮的氛围。

"业主们爱上了这个花园——它真的很神奇，至今仍是我喜欢的项目之一。"

◀漂浮台阶的混凝土基础构造。

▶改造后：花园俯瞰图。

▼花园布局艺术草图。

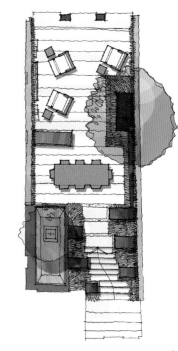

愿景

当我想到花园里的悬浮元素时，一个灵感闪现，如同种子般在心里生根发芽。尽管改造这座花园要面临种种挑战，但我们可以实现一次引人注目的改变，将一个平淡无奇的空间从平凡提升到超凡脱俗。许多设计师只看到了复杂的高度变化所造成的障碍，而我却本能地觉得，这些高度变化将会帮助我们创建一个独特而非凡的花园。

过程

从房子的一扇大窗户望去，后花园的景色尽收眼底，酒窖的屋顶与一楼窗户的边缘相接，形成了一个尴尬的视角，在地面和上层的种植区中巧妙地使用络石对其进行了遮盖。一棵美丽的二乔玉兰种在酒窖的凹进式屋顶上，并使用黑色鹅卵石作为地面覆盖物，该区域被改造成一个很实用的屋顶露台。

当人们从房子较低的楼层出口离开就会撞上一面边界墙，然后不得不爬上陡峭的台阶才能进入主花园。我们设计了一系列由意大利石灰石构成的漂浮台阶，这些台阶沿着花园延伸，并以分层的花坛为边界。一棵优雅的枫树成为这个区域的焦点，它的周围环绕着鸢尾、薰衣草、鼠尾草和小叶冷水花。建筑师使用了黄杨球体和各种多年生草本植物，将之前陡峭的斜坡改造成令人惊讶的平缓斜坡，并由此通往一个放有圆形桌子的露天用餐区。这个空间的地面是用石灰石铺设的，新台阶两侧都有高台花坛，里面种植了一定数量的山茶、铃兰、猫薄荷、翠雀和鸢尾，为这个空间增添了色彩。除此之外，还打造了一个幽静的休闲区，墙上挂满了芬芳的茉莉。现代风格的座椅布置在一个嵌入式壁炉周围，在那里客户可以在秋冬季节欣赏花园。一棵成熟的油橄榄种植在一个漂亮的大型盆器中，像提供了一个备受关注的观赏结束声明，为整个花园画上了完美的句号。

◀ 房屋的用餐区。

▼ 通过添加石砌壁炉和定制的西部红雪松格子架，沉闷的砖墙得变得活泼起来。

一个幽静的露天用餐区，客户可以邀请亲朋好友在漫长夏日里享用午餐

改造后

毫无疑问，这个花园存在各种复杂的问题。但改造后在各方面都表现得很出色。从植被绿化到硬质景观打造，我们付出了百分之百的努力，最终呈现出一座真正壮观的花园，实现了功能与美学诉求的完美平衡。植物为空间增添生气，再加上悬浮的台阶，创造出一种在花园中遨游的迷人感觉。业主爱上了这座花园。

▶悬浮的台阶形成了花园的主线，从房子向外望去，形成了一个美妙的远景，巧妙地掩饰了突兀的地面高度变化。

跳出框框思考

"一片混凝土区域被改造成一个受欢迎的温馨花园，孩子们可以在这里玩耍，父母可以享受归园田居的宁静与放松。"

改造前

一位与我长期共事的建筑师阿兰·布维耶（Alain Bouvier）将这个项目的客户介绍给我。阿兰·布维耶设计完成了一个非常壮观的拥有双层天花板的地下室扩建项目。这次挑战是在这个庞大的地下结构之上创建一座花园。

花园的右侧被邻居的树木重重遮蔽，而左侧则是一片荒芜。幸运的是，花园里的阳光很好，但邻居花园中那座不太美观的温室需要巧妙地遮挡一下。前面的车道被一棵受保护的大型椴树严重限制，需要设计一个实用的解决方案，为客户提供大停车位。

客户的需求非常明确，提供一个休闲区，最大程度地利用空间，确保全年都有丰富的色彩。重要的是，创建一座年轻家庭可以享受的花园。

◄改造后：夜晚微妙的射灯改变了花园的面貌。

愿景

当我第一次参观这个空间时，房子一侧的空地上有一个巨大的坑，那里本应该是花园，但没有任何迹象表明那里曾经种过花。我们面对的是一个广阔的地下室，问题的关键是如何最大程度地利用空间，以满足客户的期望。他们强烈地表示："听着，兰德尔，我们有孩子，他们想到处跑，喜欢踢球，所以我们不想让家里有泥泞的脚印。"基于此，我在设计草坪时可能会使用人造草皮。

过程

在处理大型建筑工程时，尤其是城市地区，要特别注意它们对邻近居民的影响。作为一名景观设计师，我经常扮演外交官的角色，不仅需要与我的客户和谐相处，而且还要与受工程影响最大的邻居打交道，以最大程度地减少干扰，让他们都能支持理解项目。

我们面临的最大的挑战是种植受限，土壤深度非常浅。因此，如何在可行性和土壤承受力之间取得一个平衡很重要。此外，通往地下室的采光井和台阶空间狭小，硬质景观和植物材料的运输变得更加困难。

▲ 黄杨树篱、俄罗斯鼠尾草、日本富贵草、大星芹和拳参等组成的花境。
▼ 花园总体规划图。

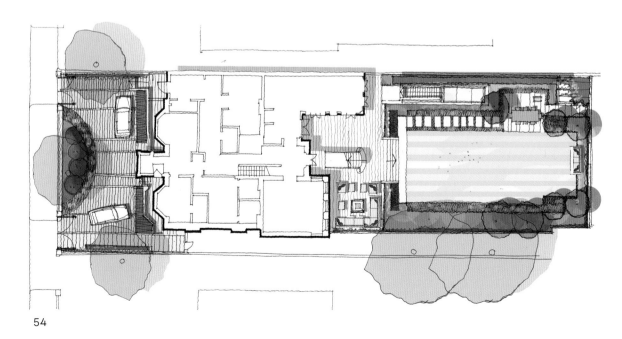

▲这是正在建造中的花园，可见打造一座美丽的花园需要付出多大的努力。

▶改造后：大星芹（*Astrantia major* 'Alba'）、紫色风铃草（*Campanula lactiflora* 'Pritchard's Variety'）、拳参（*Persicaria bistorta* 'Superba'）、乔木绣球'安娜贝拉'和圆锥绣球'香草草莓'等组成的花境。

随着最新设计方案的不断改进，我们找到了更简洁、实用的解决方案。在房子旁边，铺设了一个新的瓷砖露台，我们故意将瓷砖切割成不规则的图案，瓷砖的铺设风格与房屋的建筑风格相得益彰。我们铺设了一条通往主花园的约克石阶，与露台巧妙地融合在一起。顶部有装饰性的橡木格子围栏，确保了空间的隐私性，而且我们还在围栏旁种植了茉莉，为花园提供一个芬芳的绿色屏风。

我们在花园的左侧铺设了垫脚石，边缘是新设计的花境，其中包含韭葱、郁金香、水仙和鸢尾等，使现有围栏的边界感变得更加柔和、自然，营造出一种随意的氛围。

在人造草坪边缘有一排典型的矮黄杨树篱，花园尽头种植了简单的花坛，为全年提供季节性色彩。我们在花园左侧边界上间隔种植了美丽的染井吉野樱，为花园的春色增添了一丝浪漫，同时也巧妙地遮盖了一台难看的大型空调设备。

花园的一个宽敞露台设有露天餐厅和烧烤区，灯光的设计使花园在夜晚变成了一个奇妙的娱乐空间。

前门车道的设计也颇具挑战，一棵成熟的椴树破坏了现有墙壁的基础。我们需要我出一个解决方案，即树木和景观能够相互适应。我们的设计尽量保持简单干净，用斑岩石板铺设成网格状车道，这使房子变得更加漂亮。精心重建的半圆形挡土墙容纳了现有的椴树，确保其根部得到保护。高台花坛种了修剪过的黄杨树篱、山茶、白色绣球，窗台上的花盆中种了春花欧石楠'白色感觉'和粉红色仙客来，创造了一个温馨的景观。

改造后

最终呈现的结果很有说服力，我们为业主提供了一个引人入胜的华丽空间，设计充分考虑了他们要求的每一个细节。这个花园的建造对我们来说是一个巨大的挑战，我们为自己的设计方案感到非常自豪，它满足了客户的所有愿望，甚至更多。

▶前入口车道带由斑岩石板铺设而成，旁边有约克石边。

▼一块人造草坪可以让家里的孩子们玩球类游戏，同时保持了花园的古典风格。

◀完工后的花园优雅简约，而半成熟的日本樱花可作为与邻居的分界线和屏障。

▼宽阔的约克石阶构成了花园的视觉中心。

▲嵌入一个田园风的户外用餐区，以创造一个私密空间。

▶常春藤、耧斗菜、拳参巧妙地掩饰了通往地下区域的楼梯和栏杆。

完工后的花园给人一种低调奢华的感
觉，很容易从休闲空间转变为夜晚社交活动
的豪华空间。

61

城市度假胜地

"一个平淡无奇的花园被改造成一个豪华、宁静的城市度假胜地,巧妙地将房子与其迷人的后花园连接在一起。

引言

这位客户是我以前合作过的知名开发商,从一开始就有非常明确的要求。与熟悉的客户合作有很多优势,他们在提出设计要求时,我们能够更加了解他们的需求。

◄改造后:一个石灰石露台通向宽敞的草坪,中央的台阶两旁种了黄杨,形成了一种简约的建筑风格。

改造前

客户毅然决定彻底拆除整个花园，意图从头规划，重塑空间。在这片待改造的土地上，矗立着一间老旧的温室，以及一条通向死胡同的楼梯，它们如同屏障，将花园与住宅生硬地分隔开来。尤为棘手的是，花园右侧紧邻着一座高大的公寓，其居高临下的视野几乎将整个花园尽收眼底，这无疑对花园的私密性与美观性构成了威胁。因此，亟需寻找一种创造性的解决方案，以最大程度减少这种威胁。

▲鹅耳枥树墙用以遮挡相邻建筑。

愿景

我天生对空间感有敏锐的洞察力，从一开始我就觉得这个项目的关键是尽可能保持空间开放，同时需要一个设计方案来实现隐私保护。这座花园的设计风格应与房屋建筑风格相适应。我非常想要一种巧妙低调的设计风格。此外，我想采用古典与现代相结合的手法，创建一种以绿色为主色调的种植主题。

过程

我们在前花园里种植了黄杨球，中间点缀着冬青栎，它们像欢迎哨兵一样站在前门入口处。

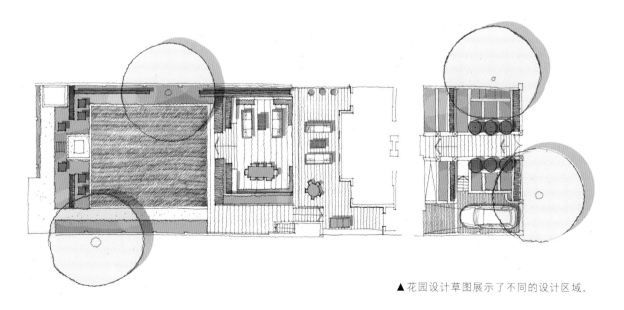

▲花园设计草图展示了不同的设计区域。

▲ 两侧的植物墙突
出了时尚的大理石壁炉。

屋后设计成一个宽敞的户外餐厅，这里设有一个低矮的大理石壁炉，两侧是植物墙，全年都能起到保护隐私的作用。在优雅的壁炉对面，打造了一个阶梯式花坛，里面种了白色天竺葵、鼠尾草、蕨类植物和银莲花，一旁优雅的槭树则增添了一个引人注意的焦点。在壁炉后面有一个高台花坛，上面种了带斑点的鹅耳枥，完全遮蔽了整个区域。

优雅的约克石阶是这个空间的关键建筑元素，台阶间种植了低矮的黄杨树篱，以掩饰挡土墙，并在冬季创造了基本的绿植骨架。中央台阶通向上层花园，那里有一片修剪整齐的草坪和花坛，种植了各种多年生植物，包括山茶、紫锥菊、猫薄荷和马鞭草等，目光穿过这些植物，可以看到马厩房，它的门位于雕塑般的红豆杉之间，这些红豆杉下面种着郁郁葱葱的耐寒天竺葵、蕨类植物、银莲花和银边芒。最后，我们委托制作了一件时尚雕塑，为花园打造一个引人注目的焦点。

改造后

这个设计的核心是营造柔和的绿色空间，营造出一座低调而生机勃勃的奢华感花园。无论是在炎炎夏日，还是在寒冷冬天，这座花园都散发着优雅的气息。

"兰德尔，你对
花园的改造让我们惊
叹不已。"

飘动的白玫瑰与鹅耳枥树墙相结合，为花园增添了即时的成熟感，中央的雕塑更是锦上添花。

城市的宁静

"一个令人惊叹的古典主题设计为伦敦一座破旧的城市花园注入了光明、芳香和宁静。"

改造前

客户对其住宅的彻底重建改变了花园曾经的一切。在房子的后面有一个车库，需要设计一条合适的通道以适应新抬高的地面，同时，花园被公寓大楼所俯瞰，因此，保护隐私是设计的一个重要需求。前面的小花园也不吸引人，需要低维护设计来提升外观美感，且需要遮挡不美观的垃圾箱区域。

◀改造后：选用时尚的花园灯和法国乡村风格的家具搭配，以突出花园的白色植物主题。

愿景

客户喜欢古典设计风格，希望花园的设计风格能与他们家的维多利亚式建筑风格相匹配。由于他们的孩子长大了，不再需要玩耍的地方，客户认为应该建造一个非常适合成年人的休闲空间。我的目标是创造一个正式的简约花园，提供宁静的休闲区域，同时找到一种方法来减轻邻近建筑的入侵感。

过程

由于原来的花园遭到破坏，我们需要从头开始设计。我们建造了一个吸引人的约克石露台，横跨整个后花园。成熟的络石种在房子旁边，瞬间软化了坚硬的砖砌结构。露台的一个区域被设定为户外用餐区，陈列了格子饰面的橡木用餐家具，完美诠释了古典风格。花园的桌子上放置了两盏花园灯，可以在夏天的夜晚照亮了整个空间。旁边是一个休闲区，两把法国复古风格的舒适扶手椅放置在一个嵌入式大理石壁炉旁，壁炉周围有生机盎然的植物墙壁。

花园里嵌入了一块新草坪，四周被红豆杉树篱包围。铺设了一条脚踏石小路，可以通向花园的尽头，这条小路的两侧是对称的、整齐的边界，中间点缀着柱形冬青栎。在这座花园里，绿色的黄杨球与开白花的多年生植物相映成趣，共同营造出柔和、宁静的氛围。这些植物环绕着一个中央水景，宛如翠珠环绕着清澈的水面，为花园增添了几分灵动与雅致。漫步至花园尽头，只见约克石台阶巧妙地分列两侧，巧妙地引导人们探索这个充满魅力的绿色空间。

在前花园建造了一个由景天属植物组成的绿色屋顶箱式围栏，以伪装该区域并改善房屋的视野。整个区域重新铺设了约克石，并辅以低矮的黄杨树篱。黄杨球体被种在漂亮的仿古花盆中，并辅以时髦的水槽，水槽中种植了白色山茶花，为前花园增添了一抹亮色。

"我们从寒冷的斯德哥尔摩搬到了伦敦，是因为英国的天气非常适合建造完美的花园。兰德尔的设计一直在线。每当我从窗户往外看，成熟的树木、芳香的藤本植物、盛开的玫瑰和宜人的常绿植物通过巧妙搭配，使我无法确定现在是夏天还是冬天，这就是这座花园的魅力所在。"

◀ 选择冬青栎作边界植物是为了在花园中打造一个功能分区；在种植前先规划多年生植物和骨架植物。

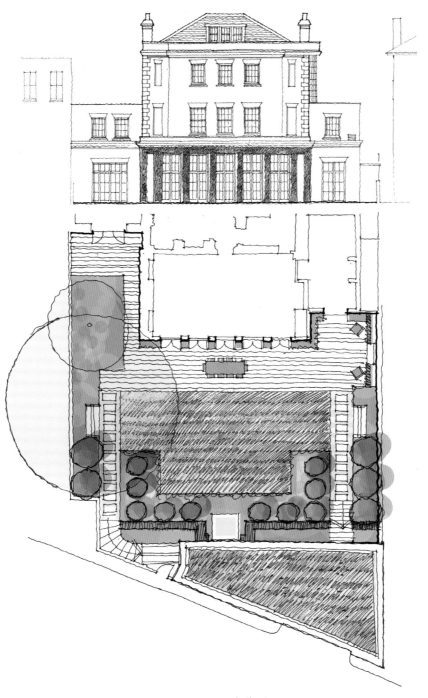

改造后

最终呈现出的花园，超出了客户的预期。常绿植物的种植营造了一种与世隔绝的感觉，形成一个低调、精致的空间，一年四季都很吸引人。

▲花园设计草图。

▶采用手工切割的回收约克石作为铺面材料，搭建种植床和ACO排水系统。

▼改造后：新露台宁静而精致，芳香的茉莉包裹着墙壁，在夏天的夜晚散发出迷人的香气。

▲改造后：壁炉两侧的扶手椅与客厅植物墙非常相称。

▶看着建造中的花园，很难想象完工之后的宁静之美。

改造后，一座古董喷泉矗立于两个花坛的中央，柱状的冬青栎增加了景观的层次。

公园里的花园

"这座大型花园位于肯辛顿的一个绿树成荫的保护区，现已被改造成一个多感官的豪华空间，供全家人享用。"

改造前

亨丽埃塔·斯宾塞·丘吉尔（Henrietta Spender Churchill）把我介绍给了这位非常可爱的客户，他的大花园位于荷兰公园。多年来，我们在这个保护区设计了大量的花园，所以我们非常熟悉这个位置。原本的花园非常单一，植物很少，还有几条不起眼的道路。

◂改造后：一堵高大的砖墙被优雅的方尖碑和白色开花植物（玫瑰'阿尔弗雷德·卡里埃夫人'、欧蓍草'白色美人'和毛地黄'阿尔巴'）遮挡起来。

愿景

客户的要求非常明确，需要一个平静、安逸的休闲空间，以白色开花植物为主。他们坚持认为应该有一大片空间用于娱乐活动，这样他们的孩子就可以踢足球或打棒球了。他们希望花园兼具实用性和观赏性，创建一些独立的空间，使每个区域都可以有特定的用途。

过程

和该地区的其他房子一样，这所房子的入口受限，所有东西都需要通过建筑一侧的台阶运输，这增加了搬运的难度。为了改善这种情况，我们建造了一个横跨花园的长坡道，以方便运送材料。我们必须确保所有必要的基础设施都安装好，包括电路、照明和灌溉等。

设计重点是创建五个不同的区域。在房子旁边，我们创建了一个用葡萄牙石灰石铺设的露台作用餐区，两侧都有新建造的白色花境，种有芍药、银莲花和双蕊野扇花等。该区域用石板覆盖了一个室内游泳池，这意味着土壤深度非常有限，因此建造花境是一项挑战。我们保留了原有的紫藤，它沿着花境右侧的栏杆生长，形成了一个芬芳的中心区域，从那里可以俯瞰下沉式花园。我们去掉了阴暗的台阶植物，并通过种植黄杨球体与多年生白色开花植物，来减缓斜坡的陡峭程度，并为该地区带来了明亮的视觉效果。在斜坡底部，我们放置了一个带箱体的长椅，使空间更具吸引力和人性化。

▲ 房子的前面有一条新设计的黑白小径，两侧是成熟的木兰和红豆杉树篱，而黄杨球体为景观提供了全年的绿色骨架。

▲ 这是正在建造的花园，主要种植区和梯田已经布置好，基础设施已经安装好。

▶ 鸟瞰图显示了繁华的新花园，迷人的玫瑰凉亭在露台和草坪之间创造了一条浪漫的分界线。

我们在主石灰石露台的左侧，建造了一个长方形的观赏池，池中有一个优雅的古董喷泉正在轻柔地喷水，增添了一道独特的风景。

这一空间有一个拱形凉棚大道将休闲区分开，棚上有芬芳的白色月季'玛格丽特·梅里尔'，凉棚大道的两端都摆放着客户精心选购的古董瓮，我觉得花园能够体现客户自己的风格很重要。我们采用山毛榉和鹅耳枥组成的树篱作隔断，将游戏区域和公用区域与主花园隔开。

一条长长的小路通过中心区域并向左侧延伸，方尖碑和攀缘植物为整个季节提供了吸引人的景致。一条旧长凳将花境框起，周围点缀着奶油色、蓝色和淡紫色的花朵。

在花园的尽头，设计了一扇镶嵌了镜面的仿古门，铁钉装饰赋予其古朴的韵味。它位于花园尽头的长墙上，门上的镜面反射出花园的景象，会让人们觉得这仿佛是一条可以进入公园的神秘通道。

最后，我们重点解决了房子前面区域紧凑及土壤过浅的问题。我们引入了红豆杉树篱，将房子与街道隔开，并铺设了一条有黑白图案的小路。种在一旁的广玉兰为小路撑起了一片清凉，并形成了理想的空间结构。

改造后

花园既实用又优雅，设计满足了客户的所有要求。它从一个单调、乏味的空间转变为一个宁静、古典且非常人性化的空间。

"我只是想说，我非常感谢你在花园里所做的一切，这看起来真的很棒。它真的既美丽又令人难以置信地放松，这是一种很难达到的平衡。真的非常感谢你。"

◀改造前：这是一个陡峭斜坡，我们将通过重新种植植物来减缓坡度。

▲改造后：这一区域被赋予新的生命，一把优雅的花园长椅的后方是黄杨球体，其间搭配白百合和鸢尾花，与一旁郁郁葱葱的绣球‘安娜贝拉’相得益彰。

◄早期花园总体规划的艺术草图。

在玫瑰凉棚大道的两端，珍贵的古董瓮形成了引人注目的焦点，凉棚大道两旁种的是月季'玛格丽特·梅里尔'与大花铁线莲。

◀改造前：细长的薰衣草是平淡无奇的空间里唯一的特色。

◀改造后：白色石灰石为花园空间增添了亮度，并设置了一个可以喝下午茶的私密空间。

▲木质长椅给客户提供了一个放松的角落，周围环绕着各种色彩的植物，高高的飞燕草'白色百夫长'（*Delphinium* 'Centurion White'）、香浓的福禄考'香蓝'（*Phlox divaricata* 'Blue Perfume'）和精致的星梅草相映成辉，其间点缀着黄杨球。

▶种一株芍药，你将终生拥有它，芍药'莎拉伯恩哈特'（*Paeonia lactiflora* 'Sarah Bernhardt'）为花园增添了柔和的粉色调。

▲宁静的水景搭配蓝色和白色花，有百子莲、紫穗兰、绣球和花菖蒲。

◀乳白色石灰石台阶通向一扇用陈年橡木制成的仿古门，给人一种通向公园的错觉。

▲在盛夏，这片区域，修剪整齐的心叶椴已经长得茂盛，为蓝紫色天竺葵、银叶天竺葵、蓝色福禄考和淫羊藿打造的花境提供了理想的树荫。

▲新种植的山毛榉树篱。

可欣赏风景的房间

"这是一座壮观的花园，坐落在英国萨里郡乡村，全年色彩缤纷，拥有现代室外空间，还设有一流的娱乐中心。"

改造前

　　这一宏伟的设计围绕着一栋巨大的乡村别墅展开。别墅坐落于一片瓶形的苏格兰松树林中，从别墅向外望去可以欣赏到温特沃斯高尔夫球场的美景。花园中有一条长长的车道，车道旁有一处水景。这座花园的景观缺乏连贯性。一位房地产开发商曾用杂乱无章的想法美化这三英亩半的土地时，但却未能创造出美丽的花园。在房子的后面，有一个平淡无奇的露台，没什么用处，但当你站在露台上却能欣赏到花园的景色。

◀改造后：开阔的视野中有一个定制的花园凉亭，花园中有蜿蜒的小径，还有一条橡胶跑道。

愿景

设计乡村花园是一件令人兴奋的事，因为比起城市花园，乡村花园让景观设计师在植物选择上自由度更大。直觉上，我认为可以通过引入一系列空间来连接花园各个区域，从而赋予房子和花园一种独特的叙事性。客户要求我们为成人和儿童娱乐区提供充足的设施。

▶改造前：现有水景将被重建。
▼改造后：水景拥有多层水瀑布。

过程

这是一个具有挑战性的项目，因为花园地形梯度不断变化。在这样的大型项目中，实施设计前需要大量准备工作，涉及梯度调整、照明设置和灌溉系统铺设等。

我们通过种植各种各样的乔木和灌木来增加车道视觉长度，同时这些树木增加了环境的愉悦感。此外，我们还对该地区现有的水景进行了改造，形成了一个自然瀑布，最大限度地减少了陡峭水位造成的不良影响。

接下来，我们在后花园铺设了一个横跨整个房子的天然石露台。为了增加美感，我们定制了大卫·哈伯（David Harber）泪滴水景，它由闪闪发光的不锈钢制成，并带有醒目的钴蓝色衬里。它位于后方露台的中央，神奇地"盘旋"在空间里，从前门一直到后花园都可以看到它。

半圆形的台阶从泪滴水景向下延伸至新创建的双花坛。这里有一个临时休息区，休息区上方悬着一个凉棚，它由耐候钢制成，周围种植着芳香的攀缘植物。

在草坪的另一边，我们设计了一个终极娱乐中心。那里有一个Gaze Burvill整体厨房，容纳了两个烧烤架、一对铁板烧烤架、一个比萨烤箱、一个嵌入式冰箱、一个水槽和充足的灯，这个休闲空间可以用于全年娱乐，配套的橡木吧台凳为众多客人提供了宽敞的座位。在厨房之外，还建造了一个舒适的下沉式休息区，以水平排列的西方红雪松格子架为特色，上面挂有一台宽屏电视。

林地区域通过建造一条蜿蜒的小径，幽静的氛围得到了强化，而在花园的上方，有一条蜿蜒小径通向一座优雅的帕拉第奥式凉亭，旨在提供景观焦点。此外，还铺设了一条有趣的小路，最终到达一座梦幻树屋（由Blue Forest设计），屋顶带有木制的鱼鳞瓦。

最后，一楼的露台主要通过铺设灰色约克石进行改造，其中还嵌入了抛光的黑色花岗岩，呈现出流畅的东方设计感。花园黄杨球和松树盆景点缀于此，还添加了优雅的座椅。从这个露台上看，业主可以俯瞰令人惊叹的花园景色，同时还可以享受清晨的一杯茶、傍晚的一杯酒。

改造后，花园进入全盛时期，令人惊叹的松树
创造了美妙的树荫，并为夏季的花园带来了阴凉。

改造后

我们创造了一座非常特别的花园，全家人全年都可以享受迷人的景色。植物配置与树林相呼应，全年呈现出美丽的色彩。它拥有满足成人和儿童需求的娱乐区，是一个处处让人惊喜的花园。

▲改造后：娱乐区有烧烤功能，旁边可通向一个下沉式休息区，此处配备了一个火炉和一台平面电视。

◀改造前：现有的水景被玻璃围栏包围，围栏与露台边缘接壤。

▶改造后：从房子和花园的各个角度望去，与大卫·哈伯合作的"泪滴水景"都是一个令人瞩目的焦点。

▲休息区的设计草图。

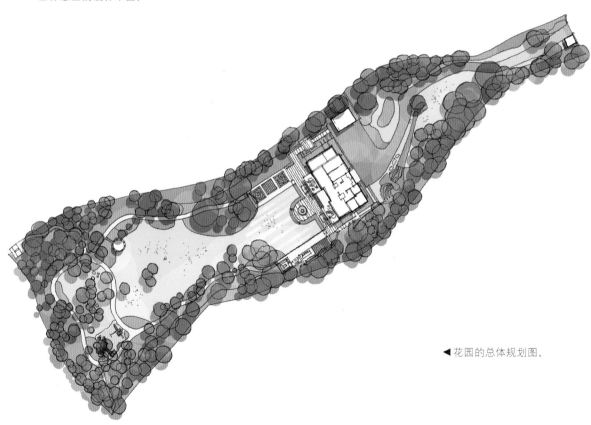

◀花园的总体规划图。

▲ Blue Forest 设计建造的树屋。

◀ 定制的拱形紫藤通道蜿蜒穿过花园。

▲ 路边的植物有窄头囊吾（*Ligularia stenocephala* 'The Rocket'）、白花杨格淫羊藿（*Epimedium youngianum* 'Niveum'）、欧洲鳞毛蕨以及绣球'安娜贝拉'（*Hydrangea arborescens* 'Annabelle'）等。

◀ 从紫藤通道向树屋走去，路旁的植物有多花紫藤（*Wisteria floribunda* 'Alba'）、紫花野芝麻（*Lamium maculatum* 'Beacon Silvev'）及发草（*Deschampsia cespitosa* 'Goldtan'）。

复兴乡村花园

"在英国设计乡村花园时,我工作中最享受的就是可以利用四季的差别,选择不同的美丽植物。"

改造前

非常偶然的一次机会,我在香港工作时遇到了这个项目的客户。他向我请教白金汉郡乡村花园的一些事情,之后,我们就达成了合作。乍一看,这座占地超过6英亩的广阔花园具有巨大的潜力,但遗憾的是,这座房子坐落在荒凉的孤立地带,无法与周围的景观联系起来。房子的入口很独特,有一条不起眼的车道通向右边的一间小屋,这个小屋还挡住了通往主屋的视线。房子的后面有一块特殊的下沉式草坪区域,上面有几根高大、奇特、孤立的柱子,所有这些都需要进行彻底改造。

◀改造后:充满生机的紫色鼠尾草'卡拉多纳'和粉色、珊瑚色的玫瑰装点着门廊,为整个夏天增添了无尽的魅力。

愿景

花园迫切需要以某种方式与这个可爱的房子建立联系。我们计划通过引入色彩和壮观的焦点来重塑花园，打造一个四季皆宜的壮丽景观。

过程

首先，我们对车道和下车区域进行了优化，形成了一个更加连贯、更受欢迎的空间。在中央草坪上种植了一棵优美的大西洋雪松，并铺设了蜂窝状网格来固定砾石。房子的前面是一个令人羡慕但有点凌乱的内部庭院，两侧是砖墙，设计时需要突出砖墙的特色。在现有布局的基础上，我们创建了正式的花坛，用矮黄杨树篱和约克石道路作为花园的边缘装饰。柱状的柏树间隔种植在花坛中，成为花坛优雅的点缀。原有的石砖台阶通向红豆杉树篱围成的空间。在台阶的顶部，我们设计了一个特色的壁龛，并放置了一个古董瓮来吸引眼球。这个区域有一个建筑拱棚，创造了一条芬芳的玫瑰步道，使花园在夏日充满了色彩和香气。

其次，我们改造了房子后面一大片平坦、没有特色的圆形草坪，那里有一棵孤零零的小雪松。在这里，我们打造了曲线台阶，通向石头和草地组成的新场地。我们还搭建了一个宽阔的半圆形凉棚，并在凉棚旁种植了大量的攀缘芳香玫瑰，立刻给人一种规模感。凉棚的左右两侧被波浪形的山毛榉树篱包围，增加了冬季的绿意。我们还铺设了一条返回房屋的便捷通道。圆形场地右侧是风铃草林地花园，花园边界新铺设了一条小路，营造出令人愉悦的流动感。新形成的花境从圆形场地向外辐射，那里种植了飞燕草、银莲花、鸢尾和鼠尾草，鲜花繁茂，景色迷

▼花园总体规划图展示了现有的树木、边界，以及新的圆形场地和花园房间的布局。

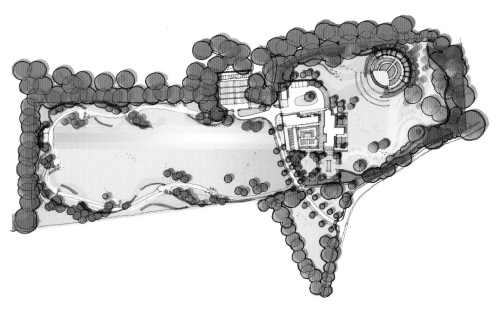

▲从春天到夏末，种满飞燕草、银莲花、鼠尾草等组成的花境色彩斑斓，令人惊叹。

人。我们在花园周围放置了一把木制长凳，一系列穿过花境的踏脚石便于人们对花坛进行日常维护和驻足欣赏。我们在房屋后面创建了两个正式、对称的花坛，以进一步让房子与周围的环境融为一体。房子的一侧是一个被忽视的小花园，里面有一个池塘，通过改造可以让它变成一个绝妙的景观。这个区域被打造成一种传统的布局，我们重新改造了水池，以保持房子的对称性。在花园的边界周围种植了接骨木、黄杨球，并混种了玫瑰、芍药和金银花。

最后，我们移除了各种奇怪的木柱，仅保留了一棵美丽的旱金莲，创造了一个极为宜人的混合有灌木和多年生草本植物的花境，这个区域种植了8棵优雅的唐棣，透过它们可以瞥见远处的花园景色。现有花园墙壁和台阶构成的直角区被重建，形成了柔和的曲线，更符合经典的乡村住宅风格。

改造后

景观设计中最令人满意的经历是将一个褪色的花园恢复到它往日的辉煌。这个花园充满了令人愉快的景色，美丽的乔木、灌木和多年生草本植物提供了丰富的色彩，每一寸土地都散发着乡村花园的魅力。

◄改造前：一个奇怪的凹陷地块上种着一棵孤独的黎巴嫩雪松，它渴望获得重生。

▼改造后：设计了一个壮观的凉棚和花坛，花园一年四季充满了色彩和趣味。

▶ 正在建造中的凉棚及新布置的花坛边界，为了便于花坛日常维护，我们铺设了垫脚石。

▼ 改造后：到了夏天，花坛真的很饱满，有开黄色、紫色花的灌木和多年生植物；草坪上的曲线设计形成了令人惊叹的视觉效果，呼应了凉棚的曲线结构。

◀改造前：一个凄凉的池塘孤零零地坐落在那里。

▼改造后：翻新后的倒影池通过摆放两只青铜鸭增添了一丝幽默。花园里鲜花盛开，花园的墙壁形成一条柔和的曲线，呈现出真正的乡村花园风格。

▶改造前：在房子的一侧，有一个杂乱的砾石区域和一个被忽视的花坛。

▼改造后：我们选用传统的约克石铺路取代了不实用的砾石，花坛重新种上了鸢尾、玫瑰、芍药和斗篷草。

◀改造前：花园的一个区域正在进行翻新。

▼改造后：一个中央倒影池被低矮的黄杨树篱包围，四周点缀着优雅的柱状意大利侧柏。

▶改造前：这座有围墙的花园曾是一片砾石园。

▼改造后：在夏天，花园里的玫瑰、薰衣草等竞相开放，创造了美丽的景色。

一条由西部红雪松和钢拱门制成的鲜花走廊赋予这个
被忽视的空间新的生命。香气扑鼻的玫瑰和金银花如瀑布
般倾泻而下，生机勃勃

致敬勃朗峰

"景观设计师并不是要强制推行不合适的理念，而是要理解景观，具有反思精神，并且设计要和自然和谐共处。"

改造前

这个项目是一位老客户介绍给我的，项目的目标给法国夏慕尼一家小木屋重新设计花园，这座木屋的地理位置令人惊叹，它位于勃朗峰脚下，可以欣赏到勃朗峰的壮丽景色。然而，房子面向街道，没有遮挡，几乎没有隐私可言，而主花园区域位于房子的一侧，受到邻近建筑物的干扰。花园大部分都是草坪，没有任何种植规划，但现有美丽的铜榉木和树屋为其增色不少。此外，木屋后面还可以看到一座特别不起眼的建筑，还有难看的混凝土墙和丑陋的栏杆。

◀改造后：一个天然石露台将房子与花园连接起来，定制的耐候钢种植框构成了一个放松的休息区的分界线，人们可以坐在休息区欣赏勃朗峰壮观的景色。

愿景

在如此美丽的风景中打造花园，我们必须对设计的每一个细节进行不断地推敲。中心雕塑是设计的关键，特别是在这种会突然降雪的地方就显得更加重要。我希望不仅能在花园中引入雕塑，而且还能通过雕塑强调自然景观。在启动这个项目之前，我遇到了一位来自耶尔斯的天才工匠塞尔日·博塔吉西奥（Serge Bottagisio）。他的雕塑散发着一种独特的野性，让我想起了小时候读过的《阿斯特里克斯》漫画。值得一提的是，塞尔日总是在我到访时提供美味的鹅肝，美食与友谊使这个项目更加令人难忘。

过程

第一个挑战是向客户的园丁解释我的设计，他狠狠地瞪了我一眼，并坚定地说出一连串"不！"

首要任务是解决花园斜坡的水平变化问题。我们通过建造新的石笼墙来解决这一问题，这些石笼墙选用了当地的石头填充，很容易与周围的景观融为一体。墙壁沿着边界形成一条蜿蜒的曲线，提供了一种陡峭地形中蜿蜒而上的视觉效果。当然，设计师要对在如此恶劣气候下能够茁壮成长的植物有充分的了解。我们从德国类似气候区引进树木，使植物不用再去适应当地环境即可种植。常青树金钟柏是一种坚韧而优雅的针叶树种，我们通过种植一排金钟柏制作了一面新墙，可为客户提供理想的遮挡以保护隐私。在房子前面，我们在定制的大型耐候钢容器中种了矮赤松，为花园增添了私密性和分隔感。

我们保留了现有的道路和梯田侧面的延伸部分，添加了耐用的、编织围栏，以缓和周围建筑、后墙和栏杆形成的突兀感。那些壮观的石头雕塑镶嵌在树林里，那里的植物有羽衣草、耐寒天竺葵、马醉木、茵芋和荚蒾等。此外，这些石头雕素的纹理很复杂，很有特色。

改造后

客户对我们的设计方案感到满意。通过巧妙地使用自然植物和硬质景观材料，私人花园和雄伟的山景浑然一体，我们最终创造出一个真实的冰川景观。那些超大的石头雕塑，是真正的艺术品，与花园的意境完美契合。它们在积雪的覆盖下，形成一系列抽象的起伏雪堆，为冬季的地面增添了乐趣。到了秋天，当你看到松鼠在上面敲碎坚果时，你会发现石头雕塑还发挥了更实用的作用。

维护花园的一项重要任务是清除金钟柏树上的积雪，以防止它们生长扭曲。我们的维护团队每年春季和秋季两次到访这座花园，以确保其一切正常。

"夏慕尼靠近勃朗峰，是一个人口密集的山区度假胜地。尽管如此，兰德尔成功地创造了一个私人绿洲，让我的家人感觉完全脱离了这个高山圣地的喧嚣。花园中充满了雕塑、结构元素和壮观的自然植物，将人们的目光引向勃朗峰。这种美丽的创造胜过了自然美。"

▲改造后：用常绿金钟柏遮挡后墙，并在金钟柏的前面种植了各种花卉。

▲改造前：房子和花园在周围的风景中显得相当突兀。

◄改造后：这是与上图相同的视野，改造一年后，植物生长得十分茂盛，已经看不到邻近的建筑了。

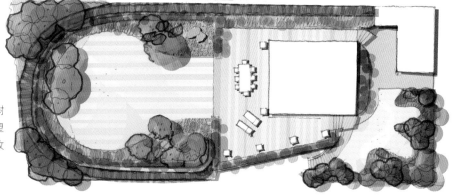

▲ 改造后，半成熟的树木有了理想的规模，从花园望去，还可将勃朗峰的景色尽收眼底。

▶ 花园总体规划图。

空白的画布

"这座花园，土壤排水不良，条件恶劣，被我们改造成一座迷人的花园，静静地依偎在历史悠久的斯坦莫尔公园（Stanmore Park）的茂密绿荫中。"

改造前

我认识的一位建筑师将这个项目介绍给我，当我了解到这个项目时，我由衷地同情我的客户，因为他们在购买完梦想中的房子时，绝望地发现，植物无法在花园的土地上健康生长。一英亩的花园底土被水淹没，建筑瓦砾被埋在下面，连一棵被遗弃的月桂树都没能茁壮成长。房屋开发商将一个有可能令人羡慕的空间修缮得很糟糕。

◀改造后：透过桔梗（*Campannla lactiflora* 'Pritchard's Variety'）可以看到餐厅露台。

愿景

我下决心要创造出一个让客户深爱的花园。房子坐落在一个近三角形的地块上，开车进入大门，就会看到一片毫无创意的草坪，草坪上的树木都快枯死了，车道是砖砌的，虽然宽阔，但却平淡无奇，给人一种烦闷的感觉。显然，车道需要以一种更恰当的方式与房子连接。屋后是一个铺了石板的大露台，站在那里，可以俯瞰到一片快要枯萎的草坪，草坪上零星地种植着枯树。客户对眼前这一切感到很沮丧。我打算在房子和花园之间创造一个全新的动态关系。

过程

改造这块地的土壤最重要的是改善排水。雪上加霜的是，整个地区的地下水位过高。如果不解决这个问题，根本不能建设花园。我们的首要任务是打造一个巨大的排水坑，并设置大量的排水孔，以方便排水。

花园的入口非常不吸引人，整个驾驶区域似乎飘浮在一个可怕的真空中。这是一栋漂亮的房子，我们通过简单地改变现有车道的轮廓，使其与房子的轴线相贴合，使其与周围环境相协调。此外，我们创建了正式的花坛，种植了灌木和多年生草本植物，如彩色的杜鹃花、荚蒾、大花葱、风铃草和天竺葵等。

一条新的弯曲侧道将房子的前后连接起来。在那里，我们保留了一个宽敞的石砌露台，摆放了舒适的座椅，设置了用餐区以及烧烤区，让整个区域更加协调。我们在主草坪周围引入了曲线，减少了楔形区域笨拙的印象。新种植的乔木和灌木，有观赏樱桃、山茱萸、槭树和苹果等，有助于建立一种空间感。

一个精美的圆形观赏池里新种了睡莲，成为草坪上一个焦点。在一侧，一个铺好的圆形露台上有一个舒适的壁炉，旁边是舒适的座椅，周围环绕着薰衣草和马鞭草，人们可以坐在花园里一直享受到晚上。

在房子一侧，一个巨大的藤架爬满了铁线莲和玫瑰，成功地将房子与室外区域连接起来，同时增加了重要的结构和色彩。这条迷人的走道通向对面的果蔬园，在那里种植了大量的水果和蔬菜，所有果蔬都种在高台花坛中。有一条小径通往游泳池，那里有一个休息区，配有舒适的座椅，让业主可以欣赏迷人的风景。

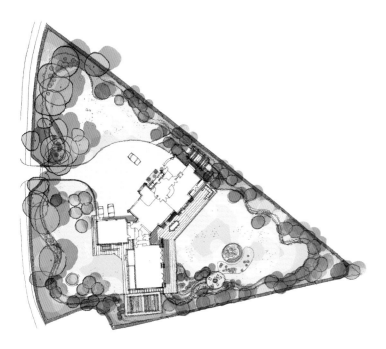

◀花总体规划设计图。
▼建设中的后花园。

◀改造前：原来的超大车道。

▼改造后：车道占地面积减小，为客户提供更好的体验，同时增强了屋内的花园景观。

▶从新种植的花园看去，有千鸟花、紫锥菊、白花单瓣玫瑰、唇形科植物（*Lavandula × intermedia* 'Grosso'）、北美腹水草（*Veronicastrum virginicum* 'Fascination'）、老鹳草'约翰逊蓝'（*Geranium* 'Johnsons Blue'）、果香菊（*Chamaemelum nobile*）和毛剪秋罗（*Lychnis coronaria* 'Gardeners World'）。

改造后

尽管花园最初存在种种问题，但现在这个特别的花园绝对是我最喜欢的地方之一。花园随季节变化，丰富的植被构成了美丽的景观，这是一件非常有趣的事情。与客户合作非常愉快，加上他们对我们设计的充分认可和支持，这一切使这个花园成为一个罕见的美丽之地。

一年后整个花园光彩多姿，其间点缀着樱桃和山茱萸。

土壤、风和水

"这是一座位于蒙特利尔的大花园，因其令人惊叹的湖畔环境而被赋予了全新的生命。"

改造前

在房屋建设早期，任何花园设计方案都容易实现，因为那时可以将花园设计与其他结构工程一起规划。在这个案例中，新建的房子坐落在裸露景观中，旁边是一条蜿蜒的车道，车道两旁种了酸橙树。此外，该地区冬季气温为−34℃，夏季气温则相对较高。因此，需要选择能够在冬季严寒中生存的花园植物。

◀改造后：一条新铺设的花岗岩车道，旁边有两个花坛，增加了从正门进入后的欢迎感。

愿景

花园很迷人，有梦幻般的风景。我的愿景是设计一个将房子与令人羡慕的水景完美融合的花园。我想让花园拥有开阔的视野，同时建造一个新的游泳池，与广阔的水线融为一体。休闲区、烧烤区和创新种植也在客户的愿望清单上。

幸运的是，当地有大量的植物苗圃，我们可以在那里找到美丽、健康的耐寒植物，然而，由于加拿大适合种植的时间要晚一些，因此种植时间的安排也是一项挑战。他们决定在6月和7月，即冬天的雪融化后种植花坛边界，因为这两个月是适合新种植物生长的理想时期。

过程

完成这个令人惊叹的项目需要我每月前往加拿大，以监督景观设计的每个阶段。整个项目持续了大约12个月。车道上铺设了漂亮的花岗岩地砖，与砖砌房屋相得益彰，而一旁的花岗岩立墙则创造了独特的带状视觉效果。房子入口处种了芬芳的紫丁香和矮赤松，同时还种了桦树和山茱萸。

后花园和侧花园的所有硬质景观都使用了当地的石板。在房子侧面，后方宽敞的露台有烧烤区。在这里，我们摆放了吸引人的仿铅花盆，里面种了装饰性的黄杨球，优雅地装饰着该区域。房子后面有一个悬空的阳台，提供了一处宜人的阴凉，我们在这一区域打造了边界花坛，种植了丰富的绣球、薰衣草、芍药和玫瑰。

▲ 房子前面的景观规划草图。
▶ 采用当地的花岗岩地砖更能与这座建筑相配。

▼ 在种植植物和铺草皮之前完成了铺路。

126

房屋后方的景色如此壮丽，所以设计时应尽量保持开阔的视野。成熟、闪闪发光的多棵白桦树在新铺设的草坪上形成了活动中心和急需的设计结构，草坪一直延伸到水边。在后面的露台旁边，我们修建了一个新的游泳池，给人一种能与地平线完美融合的印象。该地区有遮阳伞及优雅的躺椅，并特意采用了简单的观赏草种植方案。在一年四季里，草都能给水增加律动感和吸引人的倒影。从游泳池出发，一系列的垫脚石通向一个抬高的露台，露台上有一个时尚的泳池小屋，配有桶装啤酒，可以在那里欣赏令人惊叹的湖滨景色，也是与家人和朋友一起喝下午茶或享受日落的绝佳地点。

▲ 低矮的石墙为车道提供了一个理想的边界，两边都有花坛。

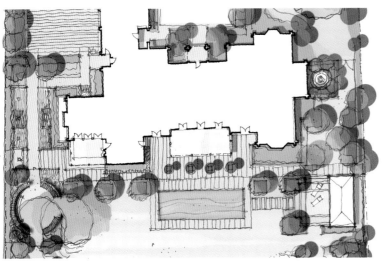

▲俯瞰新建的游泳池，可以
欣赏到湖边令人惊叹的景色。

◀展示新花园如何与房屋相
连的设计草图。

玫瑰‘白色漂流’（*Rose*‘White Drift’）　荆芥‘蓝色忧伤’（*Nepeta×faasenii* ‘Walker's Low’）　圆锥绣球‘石灰灯’（*Hydrangea paniculata* ‘Limelight’）。

▲家庭宠物正在自豪地享受它的新家。

改造后

小细节往往能带来大变化，比如选种白桦树，其白色的树皮巧妙地衬托出房子的特色。花园中的植被非常丰富，当地石材的色调与湖滨的色调相呼应。我们建造一座真正宏伟的花园，充分利用了令人羡慕的湖滨环境，为客户提供一个全年都可以享受的豪华度假场所。

"从我们见到兰德尔的那一刻起，我们就觉得一切交到他手里很放心。当他来参观我们正在建造的房子时，他似乎马上就理解了我们的愿景。我们喜欢美式花园，希望能够利用花园的丰富植物每周做一些漂亮的插花作品。兰德尔仿佛读懂了我们的心思，他比当时的我们更清楚我们想要什么。我们的花园是我们家的掌上明珠，它非常壮观，五年后，它的美丽仍然令人惊叹。它是如此的自然，看起来就像在那里绽放了100年，而且一年四季都有花儿盛开。春天芍药开放，然后是充满活力的粉色百合。从主卧和浴室的每扇窗户都能看到花园的景色，就像装裱好的画作。他把外面的美带了进来。兰德尔在日常工作中亲力亲为。我们因这个项目建立了深厚的友情，今天很高兴称他为朋友。"

当代时尚

"一个被忽视的城市花园采用现代风格和创新种植重新改造，创造了一个宽敞、低调的现代空间。"

改造前

这座城市花园比一般城市花园大，曾经历过了大规模重建。该项目极具挑战性，位于主花园区域有一个扩建的大型地下室，同时主花园被高大的公寓俯瞰。客户想要一个现代化的花园，尽量减少邻近建筑的干扰，有休闲空间和户外用餐区。

◀改造后：种植了成熟的白桦树以减弱周围建筑对花园景观的干扰。

我们在花园的四个角落种植了山茱萸以创造吸引人的焦点，而右边被修剪成球状的女贞像新颖的活雕塑。

138

愿景

许多人认为景观设计师可以创造奇迹，在大多数情况下，我们确实可以这样。然而，当一个设计师面对如此棘手的问题——地平线上的大型公寓楼显著干扰花园景观，即使是最优秀的设计师也会觉得困难重重。在设计的各个阶段，都需要精心规划以从容面对许多未曾预知的困难。针对大型公寓带来的干扰，我们计划通过在花园底部种植大树来减少干扰。尽管有景观瑕疵，但我已尽全力改善了这座房子是一座美丽的保护建筑，朝向这座房子的景色非常好，我将专注于使花园更加美丽。

过程

我们在房子的后面，铺设了一块新草坪，边上点缀着壮观的花境，花境中点缀着球状修剪的女贞，就像施用了激素的巨型绿色大花葱。在草地的每个角落有一个低矮的方形黄杨树篱，每个树篱里都种植了山茱萸，春天可以开出了明亮的白色花朵。

一条优雅的约克石和砾石混搭的小径穿过整个花园，小径两侧是新花坛，里面种植了大量的银莲花、月见草、耐寒天竺葵和石竹，这些花与观赏草相映衬有助于掩饰天窗。小径一直延伸到花园的尽头，在那里建造了一个宽敞的约克石露台，该区域配备了现代风格的沙发。三棵未成熟的银桦树沿着花园后边界间隔种植，以提供必不可少的遮挡。我们还在花坛里种植了大量的丹参、玫瑰、千屈菜和观赏草。

这个区域变成了一个令人愉快的娱乐空间。我们在这个区域安装了微妙的灯光，白天沐浴在阳光下，晚上沐浴在迷人的光影中。

沿着两面边界的砖墙，我们设置了时尚的西部红雪松格子架，并且爬满了芳香的络石，这样就创造了一个理想的私密空间，同时站在这里还可以看到远处的景色。

门前的小花园入口处种了两棵广玉兰，还有雕塑般的黄杨球体及带状黄杨树篱，树篱旁还种植了芬芳的薰衣草，似乎含蓄地表达着欢迎。

改造后

这座花园的设计达到了城市花园的设计高地，整体上很简约、现代。花园为客户提供了一个整洁、放松的休息场所，散发出无拘无束的低调奢华。

▶带状黄杨树篱与黄杨球旁种植了薰衣草，正门两侧种有广玉兰。

▼新铺设的约克石和砾石混搭的小径实用而优雅。

▲花园设计草图。

◀花坛中种有天竺葵（*Astrantia* 'Hadspen Blood'）、白色翠雀花和香芹。

新生

"设计英式花园简直是太棒了！因为你可以享受四季的乐趣。这座非常可爱的花园位于切尔西偏僻地带，是一个创造与众不同作品的绝佳机会。"

简介

客户是一位成功的房地产开发商，我有幸与他合作了几个项目，所以非常了解彼此。客户打算拆除这栋房子，只保留四堵外墙，以方便创造一个新的地下空间。因为设计需要适应即将发生的巨大的结构改变，所以花园设计的要求就变得更高了。

◀改造后：在花盆中种植了黄杨球，下层种植了白色仙客来，以突出花园入口。

▲杂草丛生的灌木丛早已失去观赏价值。

▲花园的边界。

改造前

乍一看，这座伦敦花园与许多城市花园相似，均有约克石外缘和一个由低矮的边界墙围成的破旧草坪。伦敦花园很少有一览无余的景色，这个项目也不例外。在通常情况下，低矮的边界墙无法有效遮挡邻近的大型附属建筑。

▲改造后：赏心悦目的花园景观。

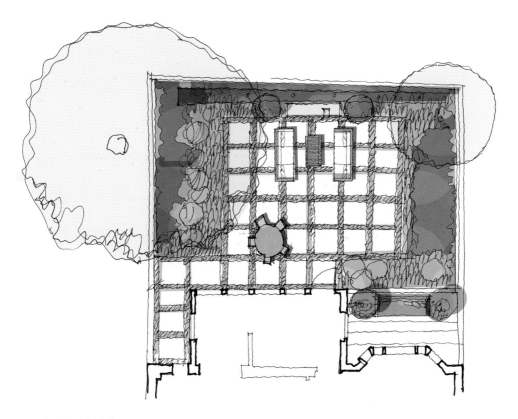

▲花园规划设计草图。

愿景

尤其重要的是，客户希望创造一个四季都能观赏美景的花园，从建筑的所有楼层望去，景色都很有吸引力。设计的灵感来自地中海花园，那里的鹅卵石或马赛克瓷砖给人一种自然、浪漫的感觉。鉴于房子正在进行翻新，客户希望室外空间风格清新、现代，同时形成一个低维护的花园。

过程

花园中植被的健康状况很差，早已没有任何观赏价值，花园原有植物将会全部铲除，这意味着我们可以在一张空白的画布上工作。在这么小的空间里减小水平落差是花园设计的关键，我们对地面进行了修复，以确保地表水流向种植区域，防止将来在露台上形成恼人的水坑。我们沿着边界墙安装了一个西部红雪松的格子架，种植了金银花、铁线莲和香茉莉等攀缘植物，以保护客户稳私。

我们建造了一个有质感的露台，上面镶嵌着被河水冲刷过的象牙色鹅卵石，营造出一种宽敞的感觉。我们还加入了一个美丽的水景，由安德鲁·尤因（Andrew Ewing）设计完成，从进入花园的那一刻起水景就吸引了人们的目光。无边水景是用优雅的蜂蜜色石灰华设计的，与露台的颜色相辅相成。铜制出水口将水引至浅色大理石板上，两侧是矮生黄杨树篱，而红豆杉的纹理背景营造了一种现代感。

一棵成熟的广玉兰增添了自然美感，在常青树篱的后方种植了欧洲鹅耳枥，有效地掩饰了毗邻的难看建筑。树篱周围还种了马鞭草、耧斗菜和车轴草等。虽然德恩（Deon）花园家具不是我选的，但这是客户的偏好，它无疑为花园增添了个人吸引力。

改造后

这个花园看似简单，但仔细观察非常流畅，一个元素很自然地引出另一个元素。尽管空间相对紧凑，但我们设法创造了一个隐秘、优雅的花园，在细节中传达了探索精神。

"兰德尔和他的团队设计了一个令人赞叹的全新花园，花园围绕着一个鹅卵石和约克石打造的露台，露台上设置了修剪好的黄杨球和树篱。一进房子，视线穿过花园，就会看到一个引人注目的现代水景。花园是整个建筑重新焕发生机的关键。"

◀约克石方砖周围镶嵌了鹅卵石带，赋予了小区域空间感。

▶由Andrew Ewing设计的大理石水景创造了一个宏伟的中心装饰，两侧是低矮的黄杨树篱。

露台右侧的黄杨方块树篱增加了结构感，同时还种植了很多多年生耐寒植物。

149

夜间微妙的灯光将花园变成了一个理想的娱乐场所。

精致的避难所

"一座早已过时的城市花园，只有一棵孤零零的树，这座花园的设计灵感来源于一个清新．现代的花园，散发着城市的精致气息。"

改造前

这是一座漂亮的住宅，尽管后花园已荒废。现存的两个楼梯，其中一个相当多余。树木不可砍伐，花园里除了一棵相当漂亮的玉兰外，没有什么值得保留的东西。由于房子位于保护区，树木不可砍伐，我努力使玉兰成为设计的一个组成部分。客户介绍得很清楚：希望花园是一个优雅的、低维护的空间，是放松和娱乐的理想场所。

◀改造后：这座紧凑的城市花园，曾经是一个阴暗．狭窄的空间，改造后变得如此精致，光滑的黑色大理石水景增加了美感。

愿景

保留这棵非常美丽的玉兰，并让它成为花园的中心。小空间总是充满挑战。在这个案例中，大型空调机占据了本来就非常狭小的空间。问题是，如何将如此庞大的设备融入整体设计之中？客户还希望拥有一个时尚、整洁的户外用餐区。

过程

通过铺设意大利象牙白石灰岩露台，花园的上部和下部区域都焕然一新，立即产生了连续性和宽敞感。现有的两个楼梯似乎过于烦琐了，所以被拆除了。我们在一侧建造了缓慢上升的台阶，用低矮的黄杨树篱镶边。下面的露台装饰了拉马克唐棣（*Amelanchier lamarckii*）盆栽，并搭配了迷人的罗纹花盆（比利时品牌 Atelier Vierkant）。

两层的花园边界都用西部红雪松的格子架隔开，并种植了芳香的茉莉，在温和的夏日增添了嗅觉享受。

一个高度抛光的黑色大理石水景已投入使用，并无缝嵌入下层挡土墙。玻璃般的黑色大理石水景在夜晚可以亮灯，神奇地将这个空间变得梦幻迷人。

在露台上，我们将大型空调装置巧妙地隐藏在一面招人喜爱的西部红雪松木墙后，并打造了一个舒适的L形座位区。我们还在玉兰周围打造了一个立方体花坛，以突出展示现有的玉兰，并放置了现代家具作点缀。

改造后

正如预期的那样，该设计最大限度地利用了小空间，并将其变成了世外桃源。美丽的玉兰占据了中心位置，为炎热的夏季提供斑驳的树荫，而微妙的外部光线则将花园变成了一个精致的私人领地。

"作为伦敦市中心黄金地段的投资者，我们一直认为花园的景观美化与房屋本身的建筑一样重要。在这所切尔西挂牌的房子中，我们与兰德尔合作，创建了一个新的花园，不仅美观，而且实用，便于租户维护。我们对兰德尔及其团队的设计和实施感到非常满意。"

◄意大利象牙白石灰石使露台显得更宽敞，在时尚的 Atelier Vierkant 花盆中种植了拉马克唐棣。

▶改造前：这个破旧的花园没有吸引力，没有植物，也没有欢迎感。

▶改造后：一棵现有的玉兰置于露台中央，西部红雪松木墙营造出一种空间感和精致感。

星星步道

"通过与客户紧密合作，从构思到设计的执行，每一个环节都得到了很好的实施，保证了我的设计方案完美落地。"

改造前

一个位于住宅三层的破旧城市屋顶露台，急需系统设计并使其焕发生机。乍一看，屋顶露台一团糟。破旧的露台上全是枯死的植物，整个区域被一个丑陋的金属栏杆围起来。两个天窗是固定的，其中一个是唯一的进出口，因此设计必须与天窗相协调。这个空间给人的印象是一个缺乏实用性、舒适性和美学吸引力的花园。

◀改造后：一个令人惊叹的屋顶露台取代了曾经那个肮脏、破旧的露台。

愿景

这是一个非常吸引人的项目，露台空间非常有限，没有什么值得保留的东西。客户希望设计一个视觉冲击与实用性相结合的空中花园，同时要求维护成本也低。我的设计目标是在半空中打造一个优雅、功能强大的实用胜地。

过程

屋顶露台的设计总是具有挑战性的。在一个狭小的空间内进行改造，必须尽量减少对客户生活方式的干扰。不出所料，露台缺少入口。在这样的项目中，需要考虑很多问题，如施工期间狭小空间如何使用以及如何将材料运送到露台。所有材料，包括花盆、土壤和植物，都按照逻辑顺序吊运到了三楼。

对于屋顶花园，要特别关注屋顶防水。首先是去除所有现有元素，做好防水并确保该区域完全不漏水。旧地板被西部红雪松地板取代，这是一种随年龄增长而变白的优质木材。一个西部红雪松格子架被固定在墙上，上面覆盖着芳香的络石，在夏天作为绿植屏风提供迷人的香气。

按照现有的墙高进行创作是至关重要的。金属栏杆阻碍了空间的改造，一个创新的解决方案是巧妙地利用了旧扶手标记的区域，建造一个低矮的黄杨树篱。成熟的油橄榄被种在露台四个角落的方形花盆中。这立即创造了一种庇护的感觉，同时保留了城市景观的视野。在 Atelier Vierkant 手工制作的黏土花盆中种植了黄杨球，紧靠在玻璃护栏杆旁，以掩饰天窗。我们将美国的萨瑟兰家具融入设计中。

两旁的花坛种植的植物较简单，有大花葱'紫色感觉'和薰衣草，它们同时种植以确保同时开花。夜晚，常绿橄榄树被迷人的星光灯照亮，为全年提供了观赏乐趣。

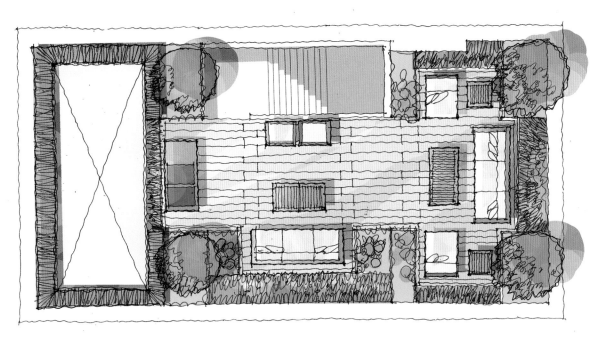

改造后

 这是一个真正充满挑战的项目。最终呈现的是一个宽敞的、比例完美的屋顶花园，最重要的是兼具了实用性。这是一个美丽、精致的花园，在夜空下或在一个昏昏欲睡的夏日午后，静静地欣赏它，都会觉得非常享受。

▲花园设计草图。

◀改造前：一个特殊的金属栏杆环绕整个区域，拥挤不堪，无法使用。

▶定制的西部红雪松花盆用于提供种植区域，也有助于掩饰现有的天窗。

"兰德尔成功地为我们的家庭创造了一个独一无二的私人天堂。空间的实用性强，兼具美观优雅，加工无限的宁静，令人惊叹。我们一年四季都能找到各种理由使用露台，晴朗冬夜的安静地观星，温暖的夜晚欢快地畅饮。这是我们家令人自豪的娱乐空间。"

▶大花葱'紫色感觉'为空间增添了明亮的色彩，下方搭配种植了薰衣草，Atelier Vierkant手工制作的黏土花盆中种植了黄杨球，这些植物与来自美国的萨瑟兰家具搭配起来相得益彰。

古典园林

"一个坐落在山顶上的豪华住宅，可以俯瞰香港的壮观景色，给我们提供了一个难得的机会去创造未来景观。"

改造前

这一次，一位香港开发商与我联系，他正在愉景湾建造一个豪华住宅。现有的景观只是山上光秃秃的土地，可以俯瞰中国南海。这里共有六栋房屋，每栋房屋面积都非常大，客户要求每栋房子都有自己独特的景观。毛坯房已经建成，住宅几乎所有的地方都能欣赏到壮丽的海景。愉景湾有严格的建筑规定，禁止对花园的结构进行超过两米深的改动，此外，愉景湾的地面高度变化极大，而且台风经常光顾。这就意味着需要建造复杂而坚固的花园。有趣的是，愉景湾禁止私人汽车进入，而是使用公共交通工具——高尔夫球车，所以车库不是必需的。

◀改造后：从主露台俯瞰游泳池，左手楼梯通向按摩浴缸。

▲ 整平土地的施工图。

愿景

这是一个大型项目，花园的每个地块都有其独特的地理特征。这样的机会既难得又令人兴奋。我们计划创造六种不同的景观，这是一个充满挑战的项目。我将最大程度地保护客户隐私，同时确保花园能够抵御恶劣的台风。这座特殊住宅的设计采用了古典风格，我们需要将房子与周围广阔的空地和谐地联系在一起。

过程

由于隐私是这个项目的核心需求，我们精心挑选了800多棵不同种类的成熟树木，种植在六个花园中，以提供景观骨架和屏障。引种的植物包括白花洋紫荆（*Bauhinia variegta* 'Candida'），蒲桃（*Syzygium jambos*）和榕树（*Ficus microcarpa*）。我们铺设了一条由灰色和淡黄色花岗岩镶嵌的车道，引人注目的大卫·哈伯（David Harber）花瓣水墙坐落在房子入口。

车道右边是一个隐蔽的招待区。我们设计了一个小露台，以马赛克泳池为特色，它巧妙地隐藏于新种植的热带花园中。

▲ 2017年无人机在开发初期拍摄的照片。

▶ 无人机拍摄的照片显示花园即将完工的照片。

▶ 楼梯通向主露台，左边是狐尾椰，右边是白花洋紫荆和白玉兰。小叶黄杨（*Buxus microphylla* var. *sinica*）被修剪成球形，夹杂在柔软的地被植物中，如紫娇花（*Tulbaghia violacea*）和大花葱（*Zephyranthes grandiflora*）等。

住宅有一个中央生活空间，两边是对称的空间。一边是厨房、餐厅和公用区域，另一边是游戏室、书房和健身房。住宅到处都可以欣赏美丽的海景。房子的左侧铺设了一块简单的长方形草坪。建造了一个宽阔的象牙白大理石露台，横跨整个房屋，中央台阶通往椭圆形草坪。这个位置创造了一个真正的视觉焦点，并与另外四个花园相连。椭圆形草坪两侧的大理石台阶通向两个截然不同的空间。在一侧，上升的台阶走向一个25米长的壮观的游泳池，其特色是由颜色对比鲜明的马赛克瓷砖拼接成的带状流动图案。在游泳池的一端，现有的混凝土墙表面覆盖着石灰石，两侧是两堵特色砖砌墙，其中有三个凹进的壁龛，中央拱门提供室外淋浴。机房巧妙地设置在地下，以减少噪声，并通过配套的露台进行伪装。加高的种植床环绕泳池，展示了各种各样的植物，包括鸡蛋花（*Plumeria rubra*）、醉鱼草、木槿、野蓝蓟（*Echium pininana*）、蓝雪花（*Plumbago auriculate*）和玫瑰。

一条蜿蜒的鹅卵石小径从泳池通向一个石制的放松平台，里面有一个巨大的按摩浴缸，可以欣赏到令人惊叹的海景。在中央草坪附近，有一个圆形花园，周围环绕着一个引人注目的凉棚，种着黄杨、细叶萼距花、猫薄荷和鼠尾草。对面是一个私密的休闲区，配有一个惹人注意的壁炉，这里是晚间娱乐的私密空间。花园周围环绕着一条鹅卵石环形小径，可以由此返回房间。

▶从游泳池可以俯瞰海景，背景树是狐尾椰、小叶黄杨、中华叉柱花，下面种植着紫娇花和双色鸢尾。

▼用马赛克瓷砖制作的波浪图案已完成。

改造后

这座花园在许多方面都很独景观特和神奇。由于气候潮湿，植物很快就成熟了，丰富的花园带领人们踏上迷人的旅程。每个独特的花园都能满足四季的需求，让人们享受美好的海滨生活。

大卫·哈伯的花瓣水墙与背靠山景的榕树篱。

◀站在侧露台上可俯瞰主花园，主花园里种植了鸡蛋花、马缨丹、紫娇花和葱莲等。

▶从游泳池处俯瞰海景，前景植物是小叶榄仁和腊肠树。

▼花园设计草图。

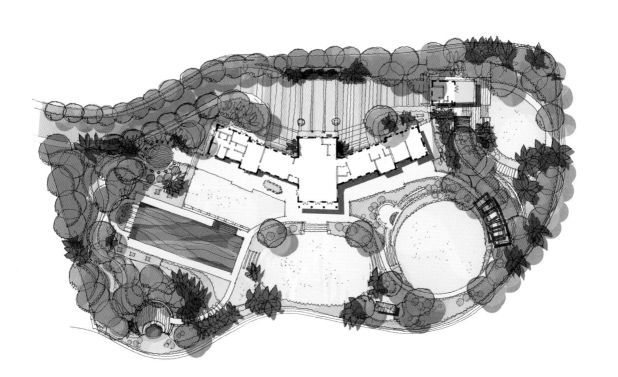

景观美化完成九个月后，这座花园变得光彩夺目，成熟树木构成了丰富的景观层次，包括狐尾椰、紫薇、白玉兰和白花洋紫荆。

波浪花园

"我充分利用了自然地形的轮廓，形成了一个创新的花园设计，以壮观的曲线为特色，与远处的南海景色交相辉映。"

改造前

这栋非常宽敞的房子坐落于8000平方米的裸地中间。房子占地面积很大，有两个分层的侧翼，从主生活区呈水平线向外辐射。裸露的土地坡度陡峭，水位变化复杂，有些地方的落差高达4米。这个豪华住宅的花园拥有极好的海滨景色。

◀改造后：按摩浴缸坐落在花园中心，周围环绕着散尾葵、苏铁、鹤望兰和叶兰等植物，营造出一个宁静宜人的绿洲。

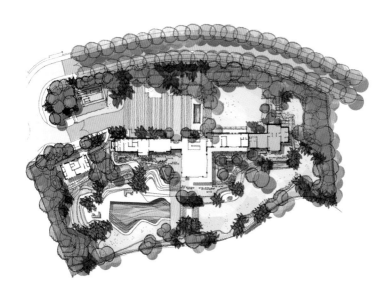

▲用杰斯曼（Jesmonite）材料手工打造的座椅和壁炉区，从这里可以俯瞰香港全景，还可以看到房子和瀑布。

◀花园设计草图。

▶施工中的水池和周围景观。

愿景

尽管花园地形高低起伏，建造难度大，但我还是想创建一个方便使用的花园，同时还能将场地的陡峭程度降至最低。最重要的是，设计必须呈现出与五个相邻住宅截然不同的风格。起伏的地形激发了我的灵感，我并没将地势的变化视为消极因素。我与以非正统手法闻名的设计师费尔南多·冈萨雷斯（Fernando Gonzalez）合作，在整个设计过程中引入了流动的波浪线。

过程

一条诱人、宽敞的车道选用对比鲜明的花岗岩碎石铺设而成，为景观设计奠定了"波浪"的基调。车道两边种植了一些成熟的树木，如棕榈，以提供结构和屏障。车道旁边是一个僻静的空间，隐藏着一个伊洛克木凉亭，周围环绕着郁郁葱葱的热带植物。

在房子的左侧，我们设计了一系列弧形的鹅卵石台阶，巧妙地避开了陡峭的地势变化。台阶通向一个令人惊叹的波浪形边缘、内嵌有台阶的游泳池。游泳池前方有一片开阔的草坪，两旁是流动起伏的花坛，突出了波浪形的主题。该地区种植了低矮的草本植物，将人们的视线引向远处壮阔的海景。在游泳池的一端，建造了一堵波浪形的石膏墙，上面悬挂着波浪形的遮阳帆，为人们提供了荫凉。一条穿过热带植被的蜿蜒小路通向一个位置隐蔽的客房，客人可以在那里享受绿色石头制成的水池带来的清凉。

一条浅色鹅卵石洗涤走道将游泳池与按摩浴缸区连接起来，在那里可以欣赏到一望无际的海景。浅浅的台阶向下延伸到宽阔的草坪区域，周围是鹅卵石铺成的踏脚石，露出了一个私密的休息区，以引人注目的"火之蛇"为特色。火坑似乎巧妙地从光滑通道中燃起火焰，在夜晚创造了一个引人注目的焦点。穿过草坪，弧形的台阶引导人们回到房间，在那里，茂密的植物再次创造了私密感和视觉冲击。花园种植面积广阔，有许多能适应气候的植物，如银桦（*Grevillea robusta*）、紫苏（*Murraya paniculata*）、小君子兰（*Clivia miniata*）和檵木（*Loropetalum chinensis*）。

用杰斯曼（Jesmonite）材料打造的起伏的景观，波浪形台阶通向游泳池。周围的树木包括：狐尾椰（*Wodyetia bifurcata*）、散尾葵（*Dypsis lutescens*）和霸王棕（*Bismarckia nobilis*）。

◀花园建造完成后无人机俯瞰视图。

◀通往前花园壁炉区的脚踏石，脚踏石之间种着日本麦冬。

▼从这里可以俯瞰香港的景色，楼梯通向花园和壁炉区，周围种植了紫荆、狐尾椰等，下层植被有朱瑾等。

改造后

设计这些特别的花园是一个巨大的挑战，也是一种荣幸。曾经那里是一片焦土，如今我们创造出引人入胜的空间，为客户尽可能提供了一切便利，同时通过迷人的花园来改善荒芜的景观，这些花园将会蓬勃发展。

▲大卫·哈伯创造的"黑暗星球"水景，形成了一个分层的瀑布景观。曼特尔的球形雕塑就在游泳池的顶端。

◀一条小路穿过极其茂盛的植物通往客房，植物有柚、铁刀木、钝叶鸡蛋花和短穗鱼尾葵等。

◀印度绿色大理石制作的阶梯状瀑布水景，周围种植着霸王棕。

▶从玻璃花园可俯瞰香港全景，设有嵌入式水池和防滑手工玻璃面板，我们来用加斯米黄石灰石（Gascogne beige limestone）铺设地面，玻璃花园内还种有鸡蛋花。

图书在版编目（CIP）数据

重生之旅：花园改造前后 / （英）兰德尔·西德利
著；赵韶丽，梁健，张文昌译. -- 北京 : 中国农业出
版社，2024. 10. -- ISBN 978-7-109-32602-6

Ⅰ. TU986.2

中国国家版本馆CIP数据核字第2024BL1267号

CHONGSHENG ZHILÜ HUAYUAN
GAIZAO QIANHOU

中国农业出版社出版

地址：北京市朝阳区麦子店街18号楼

邮编：100125

责任编辑：郭晨茜　　文字编辑：杨　春

版式设计：郭晨茜　　责任校对：吴丽婷

印刷：北京中科印刷有限公司

版次：2024年10月第1版

印次：2024年10月北京第1次印刷

发行：新华书店北京发行所

开本：787mm×1092mm　1/16

印张：12

字数：300千字

定价：98.00元

This title was first published in 2019 by Papadakis Publisher,
London, a member of Academy Editions Ltd.
www.papadakis.net @papadakisbooks
under the title: *The Garden: Before & After* by Randle Siddeley
Publishing Director: Alexandra Papadakis
Design Director: Aldo Sampieri
Editor: Alexandra Papadakis
Production assistant: Megan Prudden
Copyright © 2019 Randle Siddeley & Papadakis Publisher
All text © Randle Siddeley unless otherwise stated.
Foreword © David Linley.
Photographs © James Brittain, Harriet Brocket, Tom St. Aubyn,
Georgina Viney.
All other photos © Randle Siddeley Limited.
Randle Siddeley hereby asserts his moral right to be identified as
author of this work.
Simplified Chinese edition © 2026 China Agriculture Press Co., Ltd.
All rights reserved.
Page 1 Chinese translation rights arranged with Papadakis Publisher
through the Chinese
Connection Agency, as a division of Beijing XinGuang CanLan
ShuKan Distribution
Company Ltd., a.k.a. Sino-Star.